빛깔있는 책들

빛깔있는 책들 ●●● 5

여름 음식

글 ● 사진 | 뿌리깊은나무

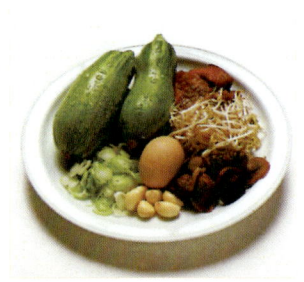

대원사

저자 소개

글 | **고현진, 정성희**(샘이깊은물 전 기자)

사진 | **김승근**(샘이깊은물 사진 기자)

　　권태균, 백승기, 이정진, 이창수
　　(샘이깊은물 전 사진 기자)

차 례

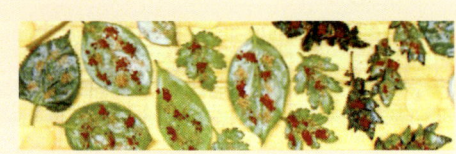

여름 음식

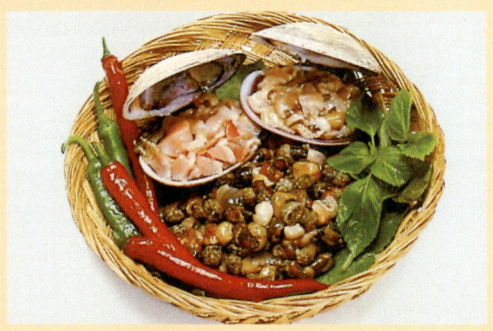

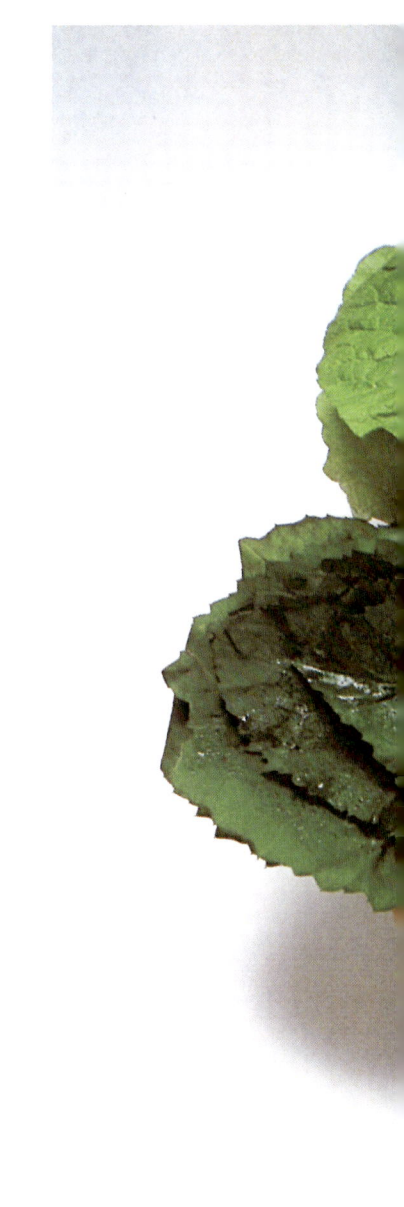

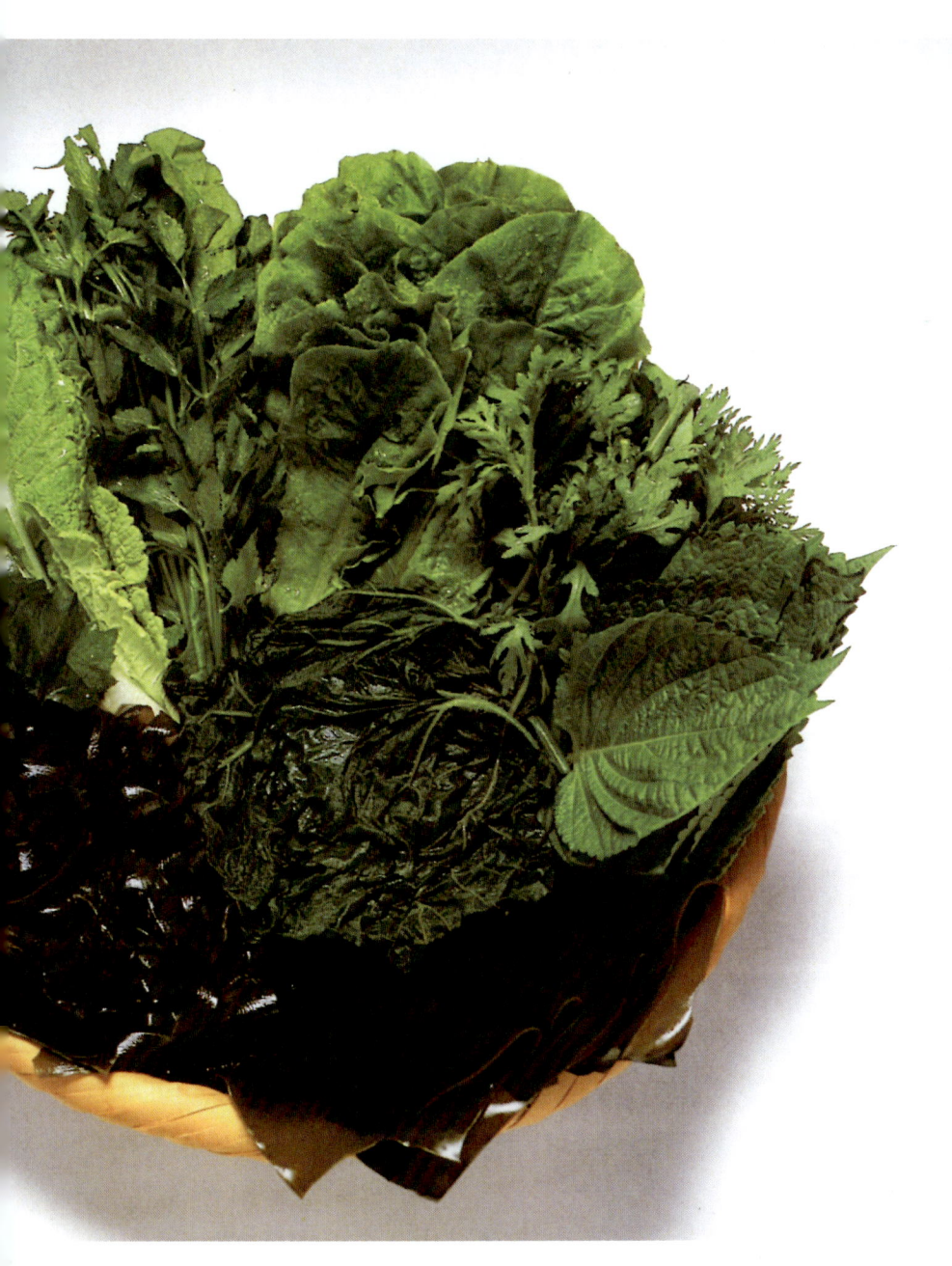

탕평채

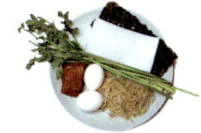

탕평채는 쉽게 말하자면 녹두묵 버무림이다. 옛날에야 탕평채를 만들려면 우선 집에서 녹두를 맷돌에 타서 까부는 일부터 서둘렀다. 이것을 물에 담가 하룻밤 동안 불렸다가 박박 문질러 껍질을 벗겨 맷돌에 곱게 갈아 주머니나 가는 겹체로 걸러서 가라앉혀 웃물을 따라버리기를 몇 차례 한 뒤 밑에 가라앉은 녹말가루로 묵을 쑤는 일을 먼저 해야 했으나, 요새야 이런 일을 하는 집을 찾아보기 어렵고 필요하면 장에서 사다 쓰기 마련이다. 묵을 쑬 때 녹두 가루와 물의 비율을 얼마나 잘 맞추고 불의 싸기가 어떤지에 따라 묵이 단단해지기도 하고 더 부드러워지기도 한다.

탕평채를 하려면 묵 한 모에 쇠고기 100그램, 숙주 100그램, 미나리 한 단, 김 한 장, 달걀 한 개와 간장과 설탕을 비롯한 양념을 조금씩 마련한다.

하늘하늘한 묵 한 모를 굵게 채 쳐서 소금을 살짝 뿌려 간을 해둔다. 묵을 산 지 오래되어 조금 굳어졌다면 썰어서 소금물에 잠깐 데쳐 물기를 빼놓는다.

쇠고기는 가늘게 썰거나 곱게 다져 간장과 설탕을 치고 볶다가 파, 마

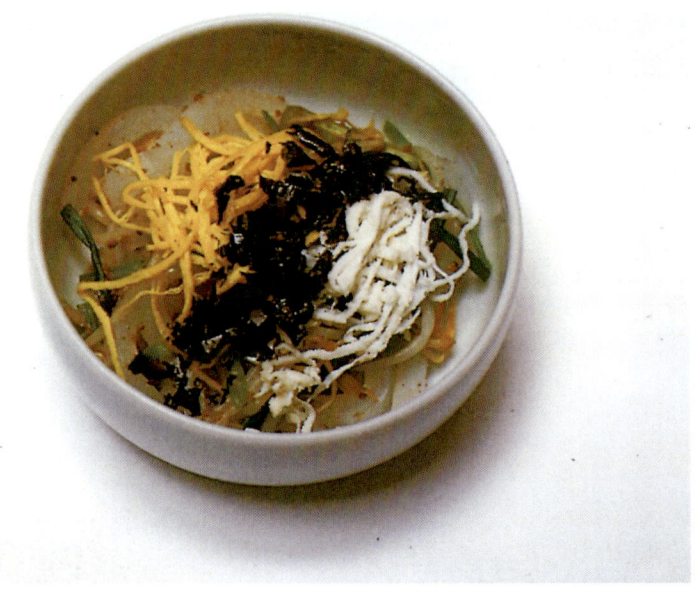

웃고명으로 황백 지단과 잘게 부순 김을 듬뿍 얹어 한결 입맛을 돋우어 주는 탕평채 한 접시

늘, 깨소금, 그리고 참기름과 후추를 조금씩 친다. 이때 쇠고기는 딴 음식을 할 때보다 조금 달게 볶으며, 쇠고기에서 나온 국물이 자작자작해지면 불에서 내려놓는다.

숙주는 그냥 써도 괜찮지만 음식이 깔끔해 보이도록 위아래를 다듬고, 미나리는 4센티미터 길이로 썰어 따로따로 끓는 소금물에 금방 데쳐낸다. 숙주나 미나리는 본디 그 향을 높이 치는 음식이어서 오래 삶아 향이 사라지면 야단난다.

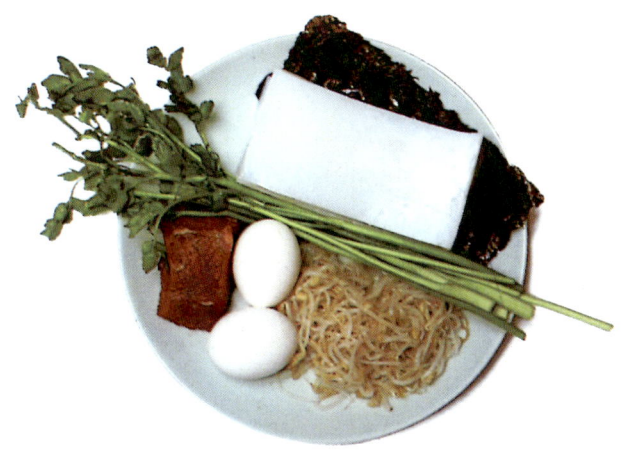

탕평채에 들어가는 재료인 녹두묵, 미나리, 쇠고기, 달걀, 숙주 그리고 김. 옛날에 팔던 묵은 흔히 네모반듯한 꼴이었으나 요새는 이와 같은 길쭉한 모양도 있다.

김은 구워서 부수고, 달걀은 황백 지단을 얇게 부쳐 가늘게 채 쳐 웃고명을 마련한다.

간간하게 간이 든 묵에다 볶아 놓은 고기를 국물째 쏟아붓고, 채친 숙주와 미나리를 넣고 식초와 참기름을 조금씩 치고 가볍게 버무린다.

이렇게 하여 골고루 버무려진 것을 접시에 담은 뒤에 그 위에 흰 지단과 노란 지단을 얹고 그 사이에 검은 김을 길게 뿌려 멋을 내어 상에 올린다.

그러면 먹을 때 젓가락으로 휘휘 저어 무쳐 먹는다. 그 맛은 새콤하고 달콤하고 상큼해서 입안을 산뜻하게 만들어 준다.

흔히 탕평채를 만들 때 양념을 한 초간장에 버무리기도 하는데, 그렇게 하면 간장의 검은 빛깔이 묵에 배어 보기에도 산뜻하지 못하고 먹을 때도 상큼한 맛이 덜하다.

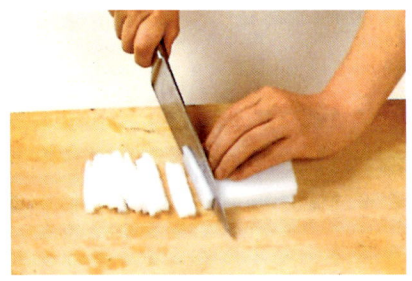

맑고 깨끗한 녹두묵을 굵게 채 쳐 소금을 살짝 뿌려 간을 해 둔다.

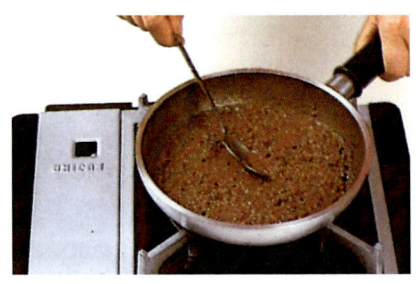

쇠고기는 채끝이나 볼기살을 골라 곱게 다지거나 가늘게 썰어 국물이 자작자작해질 때까지 볶는다.

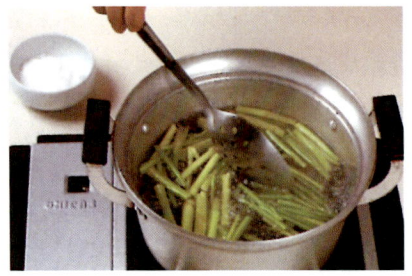

미나리와 숙주는 저마다 끓는 물에 살짝 데친다.

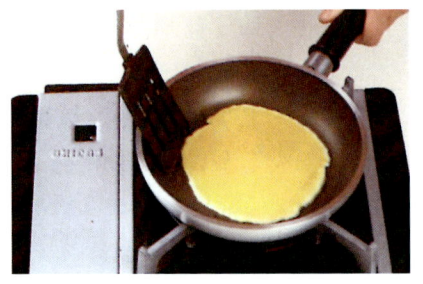

달걀은 노른자와 흰자를 갈라 따로따로 얇게 부쳐 곱게 채 쳐 웃고명으로 삼는다.

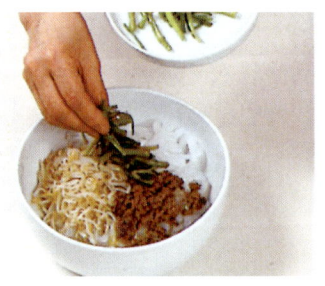

저마다 간이 된 모든 재료를 한꺼번에 넣고 버무린다. 이때 참기름과 식초를 친다. 그러나 다른 묵－메밀묵이나 도토리묵－으로 만드는 음식에는 식초를 치지 않는다.

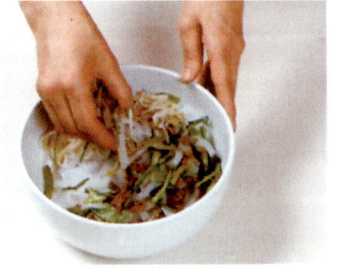

묵은 손에 힘을 빼고 살짝 버무려야 한다. 잘 알겠듯이 묵을 여느 나물 무치듯이 한다면 묵이 토막토막이 나서 상에 올릴 때 볼품이 없을 터이다.

아무튼 탕평채는 버무리자마자 바로 먹어야 한다. 시간이 좀 지나면 묵이 풀어지고 싱거워져서 맛이 덜하다.

묵에는 청포만큼 귀한 음식으로 대접받지는 않으나 그래도 별식에 드는 것으로 메밀묵과 도토리묵이 있다. 메밀을 더운물에 불려서 껍질을 벗긴 다음에 절구에 찧어서 물을 치고 맷돌에 곱게 갈아 체로 받친 뒤 가라앉혀 웃물을 따라버리고 남은 녹말가루로 쑨 메밀묵은 그 빛깔이 녹두묵만큼 맑고 투명하지 않고 잿빛이 돈다. 이 묵은 곱게 다진 파와 고춧가루를 넣고 참기름을 조금 치고 소금으로 심심하게 간하여 먹으면 그것만 따로 먹어도 든든하여 밤참으로도 잘 해 먹는다.

한편으로, 가을에 딴 도토리를 말려 껍질을 벗겨내고 절구에 곱게 빻아 녹말가루로 만들어 두면 한해 내내 두고두고 묵을 쑤어 먹을 수 있다. 도토리묵은 겨울에 굵게 채를 쳐서 김치를 잘게 채 처 넣고 갖은양념을 해서 먹어도 좋고, 입에 넣기 좋게 얇고 반듯반듯하게 썰어서 참기름을 치고 깨소금과 고춧가루를 뿌려 소금으로 간을 하여 거기에 김을 살짝 구워 부숴 넣어 무쳐 먹으면 도토리의 쌉쌀한 맛이 입맛을 돋운다.

서울 사람들이 가장 귀히 여기던 묵은 녹두묵이요, 그것을 서울식으로 버무린 것이 탕평채이다.

미더덕찜

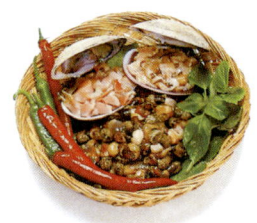

　고작 몇 해 전에만 해도 서울 사람 중에는 미더덕이 무엇인지 아는 이가 드물었다. 그래서 누가 미더덕 이야기를 꺼내면 깊은 산에서 나는 더덕의 한 종류인 줄로 혼자 생각하는 이도 있었다. 그렇지만 미더덕은 산은커녕 뭍과는 인연이 별로 없이 바다에서 나는 것으로, 멍게와 한 식구이다.

　개펄이 너른 바다에서 많이 나는 미더덕은 우리나라에서는 특히 경상남도 마산과 그 근처의 바다에서 많이 나서 그곳 사람들은 철따라 나는 온갖 야채를 넣고 하는 '미더덕찜'을 옛날부터 즐겨 해 먹었다고 한다.

　미더덕은 크기가 아기 고추만큼 작고 황갈색이며, 껍질은 딱딱한 편이어서 씹을 때는 '도도독' 소리가 나고 멍게와 비슷해서 상큼한 맛이 있다. 경상남도 남쪽 바닷가에서는 남자들이 미더덕을 먹으면 '남자 노릇'에 힘이 된다고 하여 즐겨 먹으며, 남자의 '물건'과 닮았다고 해서 '조꼴래이'라는 별명으로 흔히 부른다고 한다.

　미더덕찜도 그 맛이 좋다는 것이 알려지자 다른 음식들과 마찬가지로 남쪽 지방인 고향을 떠나 서울로 올라왔으니, 이제는 서울 사람들도 여기저기에서 미더덕찜을 전문으로 한다는 간판을 내건 음식점—그집

주인은 거개가 미더덕찜이 유명한 마산 사람이라고 한다.—을 볼 수 있어서 마음만 내키면 언제든지 먹을 수 있다.

이런 음식점에서 미더덕찜을 먹어 본 사람은 그 맛이 매우 독특하고 좋긴 하다고 말하다가도 나중에는 너무 맵다고 꼬리를 단다. 그렇지만 서울의 음식점에서 파는 미더덕찜이 어째서 그렇게 고춧가루 범벅으로 맵게 되었는지는 몰라도 본디 그것은 그렇게 빨갛고 매운 음식은 아니라고 한다.

미더덕찜을 만들려면 이런 재료들을 사야 한다. 산나물로 도라지·고사리·원추리·취·두릅 들을, 들나물로 미나리를, 또 콩나물, 그리고 나물 축에 끼는 것은 아니지만 표고버섯과 부추, 어린 깻잎, 쪽파, 풋마늘, 풋고추, 빨간 고추도 아울러 준비한다. 여름이라면 음식의 빛깔을 도우려고 가지—무른 속은 빼버리고 껍질 쪽만 쓴다.—를 넣어도 좋다. 그렇지만 이 음식에 빠지면 안 되는 것이 있으니 방앗잎이다. 서울에서는 구하기가 어려우니 방앗잎의 독특한 향을 즐기는 사람이라면 숫제 집마당에 방아를 길러 사용하는 것이 좋겠다.

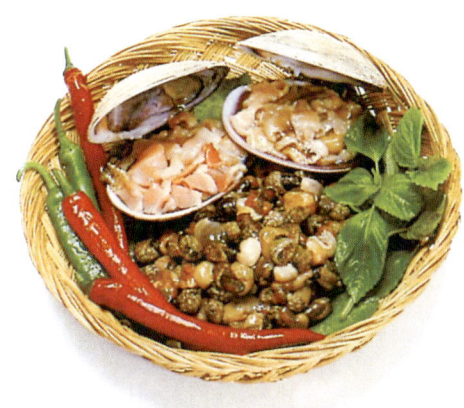

미더덕찜에는 조갯살과 고추도 거의 빠지지 않지만 미더덕과 방앗잎은 꼭 들어가야 한다. 방앗잎은 생김새가 어린 깻잎을 닮았는데, 다만 잎이 좀 더 도톰하고 줄기가 좀 더 굵다.

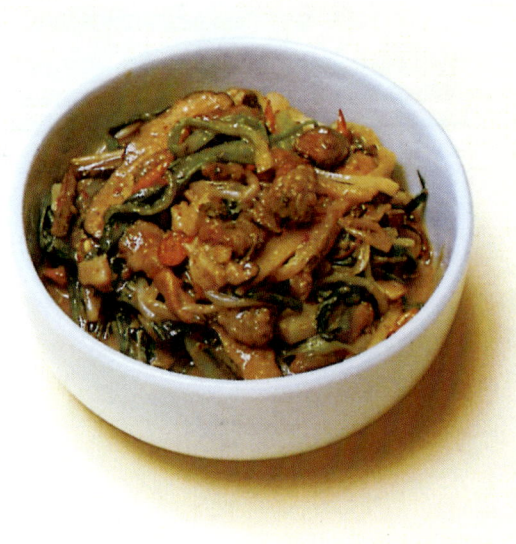

온갖 나물의 향과 미더덕, 방앗잎의 독특한 맛이 어울려 입을 즐겁게 해 주는 미더덕찜 한 그릇

　이런 채소가 갖추어지면 커다란 조개와 함께 미더덕을 '넉넉히' 산다. 이 밖에도 여기에 들어가는 재료로 빠뜨릴 수 없는 것이 들깻가루와 밀가루나 감자 가루다. 또 간 맞출 된장과 간장 조금씩과 굵은 고춧가루도 있어야 한다.

　아무튼 미더덕은 깨끗이 씻고, 조개는 조가비에서 조갯살을 떼어내어 잘게 다져 놓는다. 그리고 나물은 저마다 다듬는데, 잎이 있는 원추리·취 따위는 허물없는 사람들끼리 먹을 때는 그냥 깨끗이 씻어 어느 때

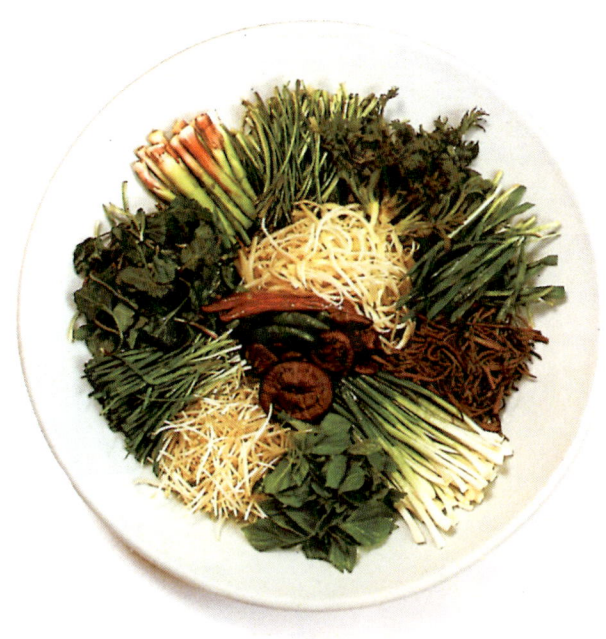

온갖 나물을 비롯한 채소 여러 가지. 가운데 놓인 것이 도라지·고추·버섯이고, 도라지 위의 것부터 시계 방향으로 미나리·두릅·원추리·고사리·실파·방앗잎·콩나물·부추·취·풋마늘 들이다.

처럼 지저분한 잎과 줄기만 다듬어 내고 쓰지만, 특별히 손님을 대접하려 할 때는 잎이 너무 많으면 맛있는 음식이 지저분해 보이기 쉬우므로 잎을 반쪽은 잘라 달리 쓰고 줄기 쪽을 쓴다. 부추·쪽파는 깨끗이 다듬어 손가락 길이만하게 잘라 놓고, 두릅은 굵은 것은 가늘게 갈라놓고, 풋마늘도 가늘게 쪼개 놓는다. 콩나물은 머리와 꼬리는 떼어내고 고사리는 깨끗이 씻어 그대로 쓴다.

　이처럼 재료가 다 준비되면 나물을 하나하나 끓는 물에 얼른 데치는데, 요새는 흔히 서로 섞이지 않게 가지런히 넣고 찜통으로 높은 온도에

두릅은 다른 재료들에 견주어 굵은 편이어서 흔히 두세 쪽으로 갈라서 쓴다. 풋마늘도 갈라서 쓰는데, 그것은 그 풋풋한 향이 더 살기 때문이다.

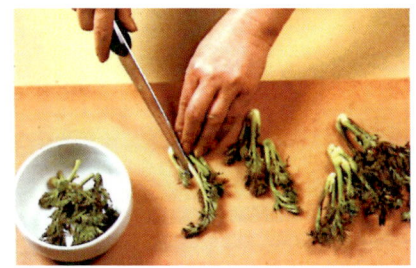

나물들은 따로따로 살짝 데친다. 그러나 취는 좀 뻣뻣한 기운이 있어서 딴 것들보다 오래 데친다.

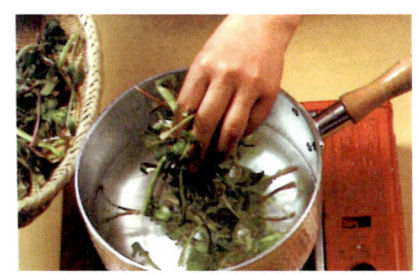

밀가루와 들깻가루를 걸쭉하게 푼 국물을 부어 준다.

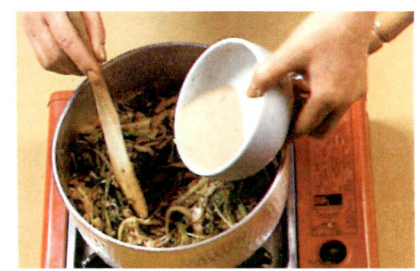

끝으로 미더덕과 방앗잎을 넣고 잘 섞으며 익힌다. 이것들을 맨 나중에 넣는 까닭은 이들의 독특한 맛과 향을 살리기 위함이다.

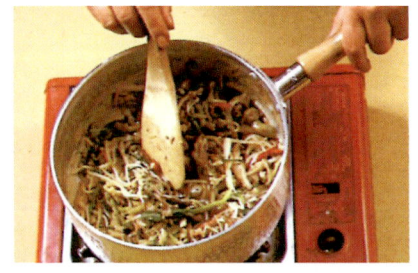

서 찐다. 이렇게 찌면 그 채소의 빛깔이 그대로 살기 때문이다. 그리고 이렇게 찌면 물에서 꺼내 짜는 수고를 안 해도 된다. 그런데 찌거나 데치거나 살짝만 익히면 되는데 나중에 다시 익힐 것들이기 때문이다. 잘게 다진 조갯살은 참기름을 조금 치고 설핏설핏 볶아 놓는다.

그러고 나면 커다란 냄비를 그다지 싸지 않은 불 위에 올려놓고 미더덕과 방앗잎만 남겨 두고 건더기가 될 모든 재료를 거기에 쏟아붓고 된장을 조금 넣어 간을 하고 밀가루나 감자 가루와 들깻가루를 걸쭉하게 푼 국물을 건더기가 잘 엉겨지도록 조금씩 부어 가며 커다란 숟갈이나 주걱으로 버무리며 익힌다.

건더기들이 웬만큼 엉겼으면 굵은 고춧가루를 넣는 등 만 둥하게 넣고 싱거우면 조선간장으로 간을 한다. 그리고 미더덕과 방앗잎은 맨 나중에 넣고 고루고루 잘 섞어가며 익힌다. 이처럼 미더덕과 방앗잎을 맨 나중에 넣는 까닭은 방앗잎과 미더덕이 너무 익으면 그의 독특한 맛과 향이 없어지기 때문이다.

이렇게 하여 다 된 미더덕찜을 그릇에 담아 놓으면 온갖 채소의 빛깔들이 서로 어울려 보기에도 먹음직스러울 뿐만 아니라 실제로도 미더덕의 상큼한 맛과 온갖 나물들의 향이 어울려 그 맛이 매우 독특하다.

호박 편수

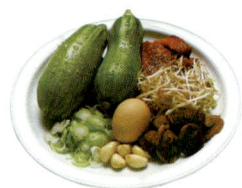

　호박은 꽃이 피기 전 줄기가 뻗어가기 시작할 때부터 그 줄기와 어린 잎을 먹을 수 있고, 애호박은 말할 것도 없으려니와 꽃이 지고 잎이 다 시든 뒤에까지 남아 있는 보통 '늙은 호박'이라고 부르는 '청둥호박'까지 버릴 것이 없는 것이니, 실제로 여름 내내 호박만큼 우리 상에 자주 오르는 찬거리도 그리 흔치는 않다.

　박과에 딸린 한해살이 덩굴풀인 호박은 비타민A가 많이 들어 있고, 과채류에서는 감자·고구마 다음으로 녹말이 많이 들어 있어서 식량이 모자랄 때 대용식으로 많이 길렀다. 그 호박으로 해 먹는 별스러운 음식 하나가 호박 편수다.

　호박 편수는 본디 조선 시대의 궁중 음식으로, 왕실과 교류가 많았던 반가에도 다른 궁중 음식들과 더불어 영향을 끼쳐 서울에서 지금까지 이어져 오고 있는 것이다. 호박 편수는 쉽게 말해서 호박으로 소를 넣어 빚은 만두를 차게 식힌 육수에 띄운 여름에 먹는 만둣국으로 이렇게 만든다.

　우선 재료로는 애호박 작은 것 한 개라면, 쇠고기 어른 주먹덩이만큼, 표고버섯 작은 것 서너 개, 숙주나물 조금—여기에서 쇠고기, 표고버섯,

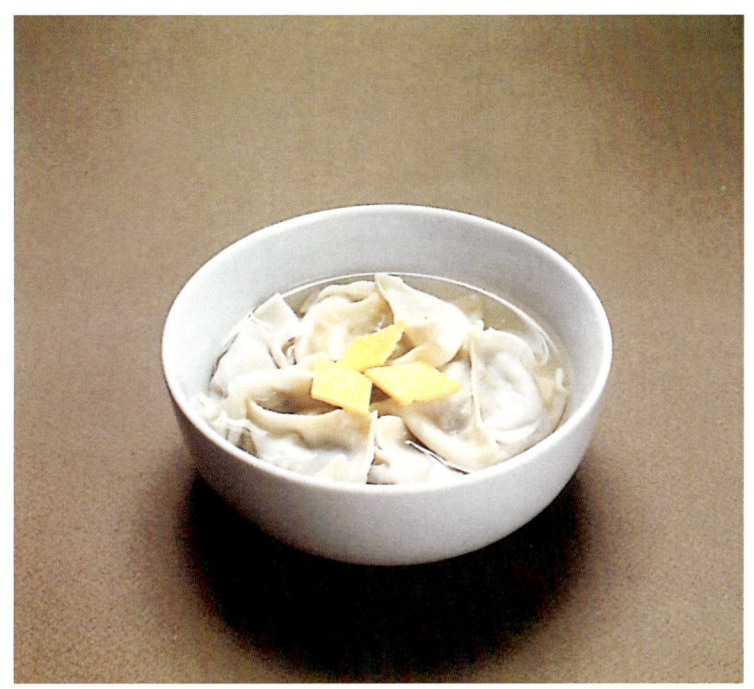

여름에 먹는 만둣국인 호박 편수 한 그릇

숙주에서 한두 가지쯤은 있어도 좋고 없어도 된다. ─과 파, 마늘, 깨소
금, 참기름, 후춧가루, 소금을 준비한다. 그리고 쇠고기를 끓여 기름을
걷어내고 식힌 육수를 따로 마련한다.

먼저 애호박을 길게 반을 갈라 속의 씨가 있는 부분을 도려내고 가늘
게 채 친다. 그것을 심심하게 탄 소금물에 넣어 절이는데, 소금물이 너
무 짜면 호박이 풀이 죽어 오돌오돌한 기운이 없어진다. 다 절여지면 마
른행주로 꼭 짜서 파, 마늘로 양념하여 살짝 볶는다.

호박을 절이는 동안에 쇠고기는 다지고 표고버섯은 채 썰어서 그것
들을 함께 갖은양념하여 소금으로 간을 하여 볶는다.

그리고 숙주 또한 소금물에 데치니, 소금물에 데치면 빳빳한 기운이 그대로 살아 아삭아삭하게 씹히는 맛이 있고 간이 맞다.

그리하여 소가 모두 준비되면 한꺼번에 넣고 섞어 둔다.

이제는 만두 껍질을 만들 차례다. 요즈음은 만두 껍질을 만들어 팔므로 웬만한 가게에서도 손쉽게 구할 수 있으나, 그것은 집에서 밀가루를 반죽하여 밀대로 얇게 밀어 잘라낸 것만 맛도 못하려니와 호박 편수에 쓰이는 만두 껍질은 모양이 네모꼴이므로 사서 쓸 수가 없다. 밀가루에 소금을 조금 넣고 체로 고루 쳐서 그냥 찬물로 끈기가 생길 때까지 반죽을 한다. 그것을 밀대로 밀어가면서 종잇장같이 얇아지는 대로 사방이 8센티미터쯤 되도록 네모나게 오려낸다.

만두 껍질을 펴 놓은 채로 가운데에 만두소를 커다란 눈깔사탕만큼씩 떠놓고 네 귀를 맞추어 싸고 가장자리가 만나는 네 선을 꼭꼭 아물린다. 이때 잣을 두 알씩 넣어 맛을 도와 주기도 한다.

속씨가 거의 안 든 애호박과 그 밖에 호박 편수에 들어갈 재료들. 쇠고기는 살코기로, 그리고 숙주나물·표고버섯이 조금씩, 또 나중에 얹을 지단에 쓸 달걀 한 개와 우리나라 음식에 거의 빠지지 않고 들어가는 양념들이다.

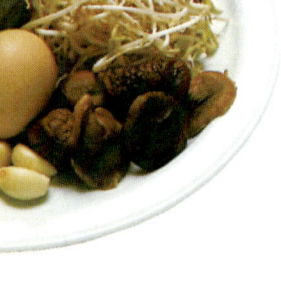

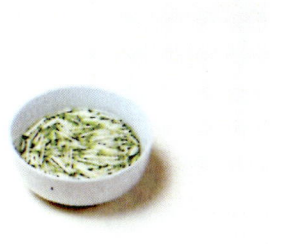

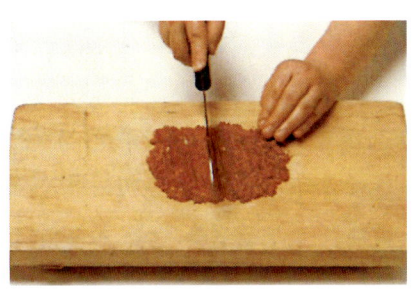

애호박을 채 쳐 소금물에 넣어 절인다. 다 절면
마른행주로 싸서 꼭 짜 파, 마늘 양념하여 살짝
볶는다.

쇠고기를 곱게 다지고, 표고버섯은 채 썰어서
함께 갖은양념하여 소금으로 간을 하여 볶는다.

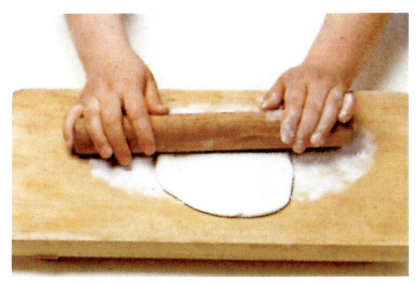

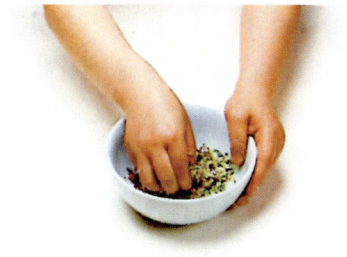

밀가루를 반죽하여 밀대로 밀어가면서 사방이
8센티미터쯤 되도록 네모나게 오려낸다.

호박, 쇠고기, 표고버섯, 숙주나물을 한꺼번에
넣고 조물조물 무쳐 만두소를 만든다.

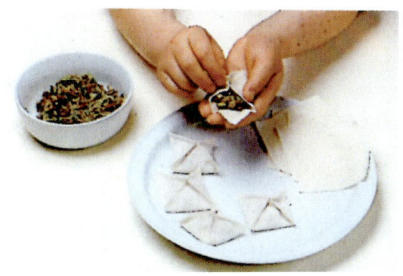

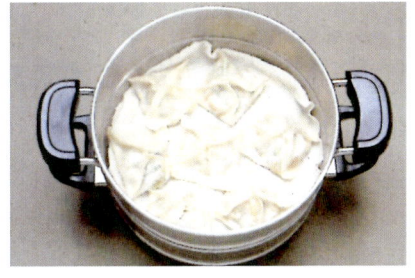

만두 껍질 위에 소를 커다란 눈깔사탕만큼씩
떠놓고 네 귀를 맞추어 싸고 가장자리가 만나
는 네 선을 꼭꼭 아물린다.

다 빚은 만두를 찜통에다 찐다. 이렇게 찌면 얇
은 만두 껍질이 거의 투명해지면서 속에 있는
호박의 파란빛이 내비친다.

만두가 다 빚어졌으면 찜통에 넣어 찐다. 만두를 국으로 그냥 끓이면 만두의 크기가 불면서 속이 안 보이지만, 이렇게 찌면 만두 껍질이 투명해지면서 속에 있는 호박의 파란빛이 내비친다.

그것을 너댓 개씩 그릇에 담고 달걀 지단을 완자꼴로 잘라 얹고, 미리 준비한 찬 육수를 부으면 만두가 살짝 떠오른다.

이 호박 편수는 어느 만두가 그렇듯이 정성이 많이 드는 음식이다. 그러나 다 해 놓으면 보기에도 시원하고 호박을 많이 넣으니 매우 달아서 드는 공이 아깝지 않은 한여름의 뛰어난 별식이 된다.

호박으로 해 먹는 다른 음식 몇 가지를 더 소개해 본다.

호박 나물이 있다. 호박 나물은 애호박을 길게 반을 갈라 두툼하게 썰어 파, 마늘로 양념하고 새우젓을 짓이겨 간을 하고 불을 중간쯤 싸기로 하여 뒤적이며 익히다가 바닥에 깔릴 만큼 물을 조금 붓고 뚜껑을 덮어 두고 다 익으면 깨소금, 참기름을 조금씩 치고 한번 더 뒤적여 먹는 수도 있고, 또 다른 방법으로는 호박을 또한 길게 반을 갈라 밥 뜸 들일 때 얹어 쪄서는 그것을 묵 썰 듯이 도톰하게 도막 내어 미리 준비해 놓은 양념간장─간장에다가 파, 마늘, 깨소금, 고춧가루, 참기름을 넣어 만든다.─을 끼얹어 버무려 먹는 수도 있다.

그것말고도 호박으로 해 먹을 수 있는 음식은 많고도 많다. 손쉬운 것으로 호박전이나 호박이랑 풋고추랑 채 쳐 넣고 부친 밀전병이 있고, 잘 익은 호박을 삶아 짓이겨 팥을 넣고 찹쌀가루를 대강 풀어 넣어 쑨 달짝지근한 호박죽, 청둥호박의 오가리를 넣고 찐 호박떡도 있다. 또 그런 것들말고도 애호박을 채 쳐 볶아서 국수에 고명으로 얹어 먹기도 하고, 새우젓국 찌개나 된장찌개에 넣어 먹기도 한다.

우리나라 사람들이 호박을 크게 대수롭지 않게 여기는 까닭도 알고 보면 그처럼 우리와 너무 친하기 때문이 아닐까 싶다.

깻국탕

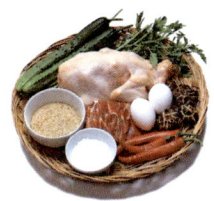

혼인을 했거나 새로 자식을 보아 또는 이런저런 좋은 일을 맞아 턱을 내는 자리가 제아무리 밥때라고 하더라도 밥과 술을 한 상에 차리는 일은 근래에 들어 생긴 풍속이다. 예전에는 술상 먼저 들이고 웬만큼 취기가 무르익을라치면 밥상을 간단히 보아 들였다. 주로 술로 상한 속을 달래 줄 부드러운 음식으로 차렸으니, 더러 '초교탕'(초교탕은 전복과 해삼이 더 들어가는 것이 깻국탕과 다르다.)이라고 부르기도 하는 깻국탕은 이에 드는 대표되는 음식이다.

다섯 사람이 먹을 깻국탕을 만들려면 닭이 반 마리, 참깨가 두세 홉쯤, 고명감으로 쇠고기와 미나리, 표고버섯, 오이, 빨간 고추, 달걀 들이 필요하다.

먼저 닭은 잡아 털 뽑은 상태에서 껍질이 투명하고 윤기가 돌며 엷은 황색을 띤 것이, 그리고 만져 보아 탄탄한 것이 맛이 좋다(노란 빛깔이 너무 짙은 닭은 물을 들인, 오래된 것이기 쉽다.). 요새야 털 다 뽑아 꽁꽁 얼려서 파니 손질이야 달리 할 게 없으나 가슴 부위에 엉겨 있을지도 모를 핏자국을 씻어내고, 구석구석 잘 살펴 아직 묻어 있는 털 부스러기나 잡티를 말끔히 없앤다.

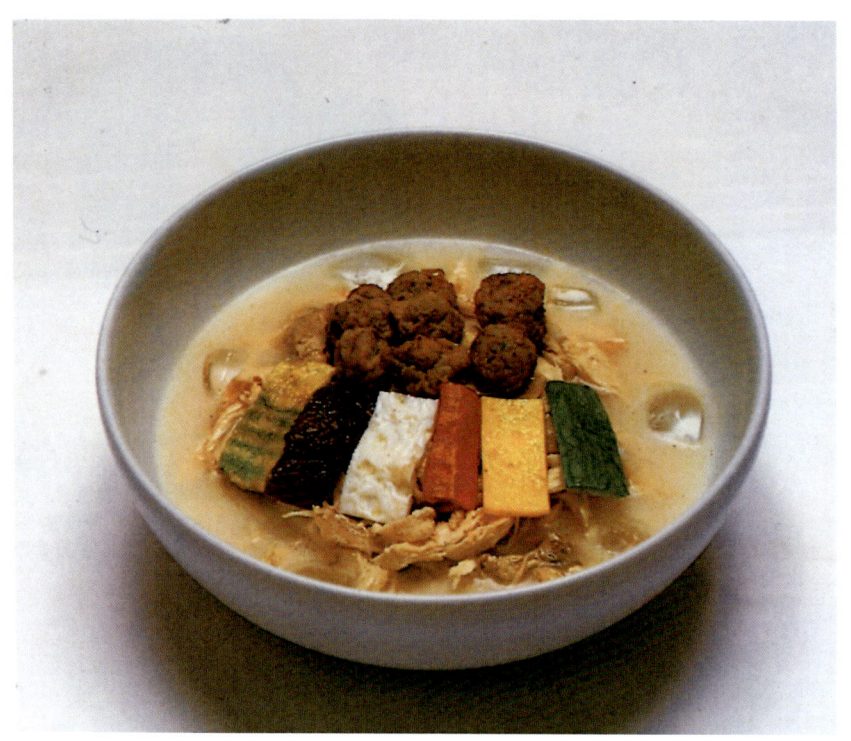

술 마신 뒤에 국 삼아 먹기 좋은 깻국탕

　그런 다음에 냄비에 닭이 푹 잠길 만큼 물을 붓고 삶는다. 마당에 놓
아 기르지 않고 닭장에서 가두어 기른 요새 닭은 맛이 예전만 못하나 살
이 '연하므로' 센불에서 40분 남짓하게 삶으면 된다. 이때 처음부터 찬
물에 넣어야 단백질이 응고되지 않는다. 닭이 다 삶아지면 건져서 닭과
국물을 차게 식힌다.

　그러는 동안 깻국을 만든다. 사실 깻국탕은 그 맛이 깻국에 있다고 해
도 지나치지 않으니 정성 들여 만든다. 시장에서 볶아서 파는 껍질 벗기
지 않은 참깨를 사서 찧어 써도 좋으나 국물을 맑고 깨끗하게 내고 싶으

닭을 깨끗이 손질하여 냄비에 닭이
푹 잠길 만큼 물을 붓고 센불에서
40분쯤 삶는다.

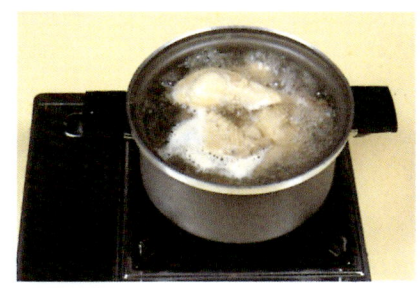

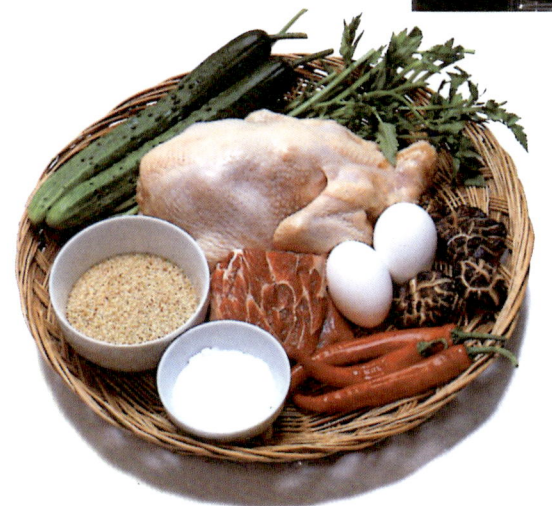

깻국탕에 쓰일 재료들. 닭이
반 마리이면 참깨가 두세 홉
들고, 위에 얹을 고명감으로
쇠고기와 미나리, 표고버섯,
오이, 빨간 고추, 그리고 달걀
이 필요하다.

면 거피를 해서 쓴다. 거피는 이렇게 한다. 참깨를 물에 넣고 손으로 비
비면서 씻는다. 그러면 덜 영근 깨가 위에 뜨므로 따라내고 씻기를 몇
차례 한 다음에 조리로 깨를 일어서 잔 모래를 건져 내고 잠깐 불린 다
음에 체에 받친다. 물이 다 빠지면 절구에 넣고 살살 찧거나 키에 놓고
손바닥으로 비벼 까불면—키가 없으면 쟁반에 놓고 후후 불면—껍질이
날아간다. 이것을 '실깨'라고 한다. 프라이팬을 뜨겁게 달구고 실깨를
살짝 볶아 몸이 통통하고 빛깔이 노르스름해지면 불을 끈다. 이것을 분
마기에 넣고 닭국물을 조금 쳐서 방망이를 돌리면서 찧어 몽글게 간다.

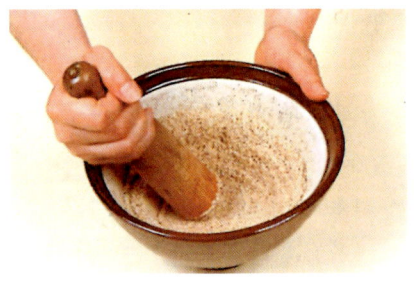

참깨를 볶아 분마기에 넣고 닭국물을 쳐서 간다.

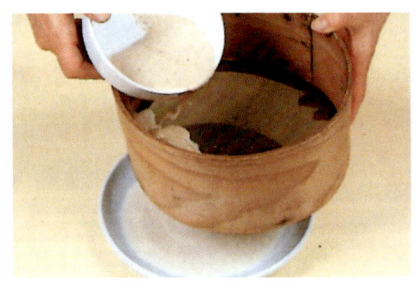

닭국물이 식으면 기름을 걷어내고 간을 맞춘 다음 간 참깨와 섞어 체에 받친다.

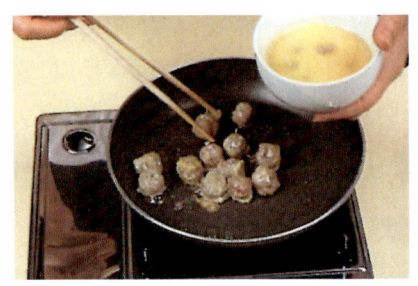

쇠고기를 양념하여 빚어 밀가루를 묻히고 달걀 옷을 입혀 부친다. 미나리적도 같이 부친다.

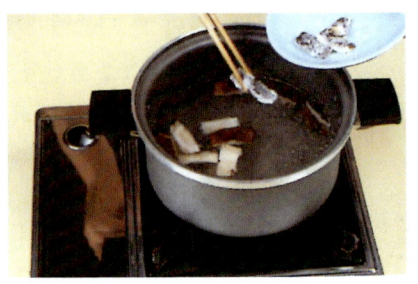

소금에 절인 표고버섯과 오이, 빨간 고추를 썰어 녹말가루를 묻힌 다음에 데쳐낸다.

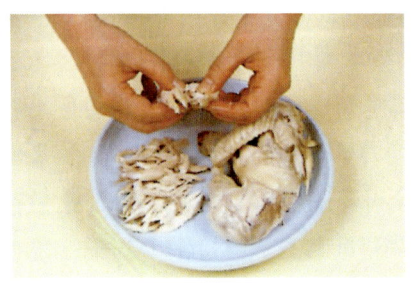

닭을 먹기 좋을 만한 크기로 결대로 찢는다.

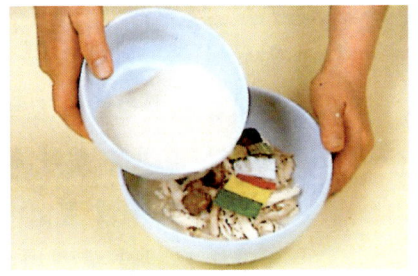

그릇에 찢은 닭을 한 사람 몫씩 담고, 그 위에 고명을 색깔 맞추어 얹은 다음에 깻국을 붓는다.

아까 삶은 닭국물이 다 식으면 위에 노란 기름 덩어리가 뜬다. 이것을 걷어내고 생강즙 두 숟갈과 소금으로 간을 맞추어 곱게 간 참깨와 섞어 체에 밭친다. (볶은 참깨를 찧지 않고 믹서에 닭국물과 함께 부어 갈아 써도 좋다.) 이렇게 체에 밭쳐 건더기를 걸러내면 깻국이 맑고 껄끄럽지 않아 부드러운 맛을 낸다. (걸러낸 건더기는 두었다가 된장국 끓일 때 넣어 먹기도 한다고 한다.) 깻국은 차야 맛이 좋으니 차갑게 식히고, 그동안 위에 얹을 고명을 준비한다.

먼저 잘게 다진 쇠고기를 소금과 후춧가루와 참기름으로 양념하여 대추알만하게 빚는다. 또 미나리 줄기를 기름하게 잘라서 소금에 살짝 절여 짠 다음 꼬치에 가지런히 꿰어─통통한 밑동과 조금 가느다란 윗동을 번갈아 꿰어야 모양이 네모반듯하다.─둔다. 프라이팬에 기름을 두르고 쇠고기 완자와 미나리 꼬치에 저마다 밀가루를 묻히고 달걀옷을 입혀 부친다. 또 달걀을 노른자와 흰자를 갈라 따로 지단을 부쳐 미나리적과 함께 골패쪽처럼 썬다.

표고버섯은 날것이면 씻어서, 말린 것이면 물에 잠깐 불려서 기둥을 따내고, 오이는 세로 두 갈래로 갈라 씨가 들어 있는 속을 도려내고 저마다 골패쪽처럼 썰어 소금에 살짝 절인 다음에 물기를 꼭 짜둔다. 빨간 고추(빨간 고추 대신에 당근을 써도 괜찮다.) 또한 씨를 빼내고 골패쪽처럼 썬다. 표고버섯과 오이와 빨간 고추를 앞뒤에 녹말가루를 묻혀 끓는 물에 재빨리 데쳐낸다.

이렇게 웃고명이 모두 마련되면 알맞게 식은 닭을 먹기 좋을 만한 크기로 결대로 찢어 하얀 후춧가루를 뿌려 그릇에 한 사람 몫씩 담는다. 그 위에 표고버섯과 오이와 빨간 고추와 미나리적과 달걀 지단을 하나씩 색깔 맞추어 가지런히 얹고 쇠고기 완자를 또한 몇 개 얹는다. 그리고 차게 식힌 깻국을 붓고 얼음을 몇 조각 띄우면 맛깔스러운 깻국탕이 된다.

닭찜

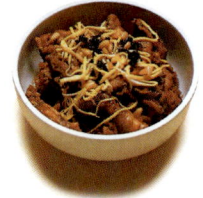

　요새 장모는 오랜만에 사위가 오면 무엇을 해 먹일까? 옛날에는 사위가 오면 씨암탉을 잡아 배를 갈라 인삼, 대추, 은행, 찹쌀 같은 몸 보해 준다는 온갖 것들 채워 넣고 푹 고아 먹였다는데 설마 같은 닭이라고 사위가 동네 어귀 '영양센터'에서 장인 드시라고 사 온 전기구이 통닭을 그대로 상에 올리지야 않을 것이다.

　닭고기는 쇠고기나 돼지고기에 견주어 연하고 맛과 풍미가 담백하면서도 단백질은 더 많다. 또 무기질과 비타민B2도 많이 들어 있으며, 아미노산 같은 성분이 있어 산뜻한 맛을 낸다. 그런 닭은 고기가 워낙 연하니 잡아서 바로 먹어도 좋지만 어른 닭이라면 하루쯤 지나면 더 연해지고 맛도 더 낫다.

　쇠고기, 돼지고기가 흔해지면서 별로 인기가 없던 닭고기가 잘 먹는 데서 비롯되는 여러 성인병이 늘면서 차차 인기를 끌고 있는 듯하다. 그리하여 요새 시장에 가면 흔히 닭고기 파는 집이 따로 들어서 있다. 하기야 옛날 닭집에 견주어 보면 썩 깔끔해져서 멋스러운 구석이라고는 도저히 찾아볼 수 없는 털 뽑힌 닭을 파는 집이다. 닭이 나체로 냉동되어 다 들여다보이는 냉장고에 진열되어 있어 손님이 손가락으로 가리키

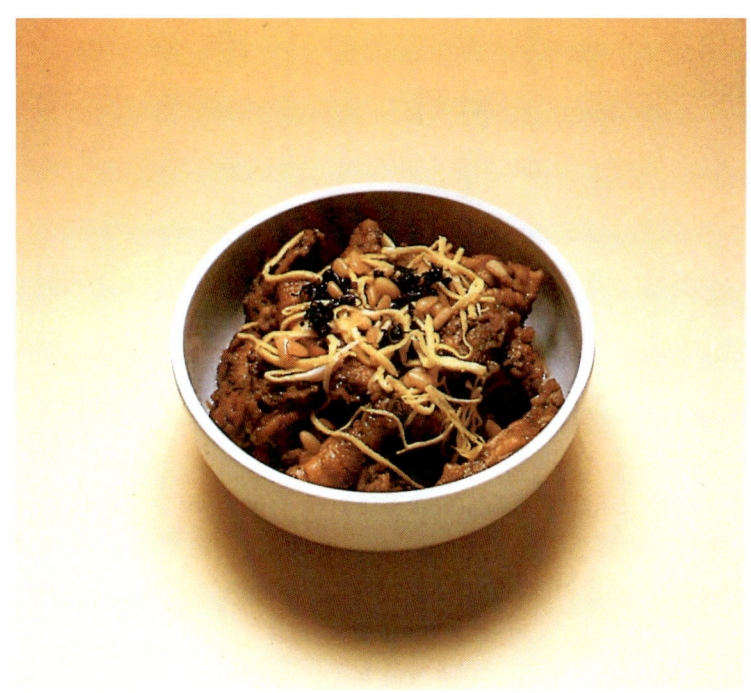

지단, 석이버섯, 잣 들을 얹어 멋을 낸 닭찜

면 주인이 꺼내어 보여 주고 손님이 고개를 끄덕이면 주문하는 대로 토막 내어 준다. 그렇게 많이 편리해지긴 했지만, 주인이 닭을 다듬는 동안에 마음 한켠에서는 옛날 닭집을 그려 본다. 질척질척한 시장 골목을 들어서면 누릿하고 퀴퀴한 냄새가 났다. 그 냄새를 좇아 닭집을 찾아가면 앞면에다 철사 줄을 벌집 모양으로 엮어 댄 나무로 만든 닭장이 아파트처럼 죽 쌓여 있고, 그 칸칸에 닭이 대여섯 마리가 꼬꼬댁거리며 서로 날갯짓을 해서 그 바닥에는 여러 빛깔―주로 흰빛과 붉은 갈색 그리고 청이 도는 갈색―의 깃털들이 흐트러져 있었다. 손님이 "이 닭 잡아 주시오." 하면 주인은 문을 빼꼼히 열고 손만 디밀어 넣어 날갯죽지를 모

아 잡아 끄집어냈다. 그다음엔 닭의 목을 쳐서 죽이고 털을 뽑기 위해 닭집에는 늘 준비되어 있는 끓는 물에 담갔다. 그런 데가 옛날의 '닭집' 이었으나 이름마저 '닭고기집'으로 바뀌고 그토록 현대화가 된 것이다.

옛날 닭집에서 잡아 온 닭으로는 요새처럼 튀김이나 '빠다 구이'를 해 먹지는 않았다. 손쉬운 것으로 백숙이니 찜이니를 하고, 좀 손이 많이 가는 것으로 초교탕을 했다.

닭찜은 뜻밖에도 조리가 간단한 음식이다. 우선 껍질이 투명하고 얇 은 황색—너무 노랗거나 붉은 기운이 도는 닭은 오래된 것이기 쉽다.— 을 띤 닭을 샀으면 머리와 발을 잘라 버리고 배를 갈라 내장을 들어내고 꼬리 언저리에 뭉쳐 있는 기름덩이를 떼어 버린다.

다음에 먹기 좋을 만한 크기로 도막을 내는데, 대충 넓적다리 크기를 기준 삼아 그와 비슷하게 한다. 닭을 도막 내기는 그다지 힘든 일이 아 니다. 손으로 더듬어 보면 마디와 마디가 만나는 곳이 느껴지는데 그곳 을 찾아 먼저 닭다리와 날개를 잘라내고, 몸통을 칼등으로 내리쳐서 뼈 가 부러지게 하고, 그 사이에 칼을 넣어 자르면 된다. 닭고기집 주인에 게 말하면 여기까지는 잘 해 준다. 그렇지만 그렇게 하면 암만해도 크기 가 고르지 않아 손님상에 올릴 것이라면 통째로 사다가 집에서 손질하 는 편이 낫다. 고른 크기로 도막 낸 닭에 칼집을 넣는다. 닭고기는 결이 고와 양념이 잘 스며 금방 맛이 배니 칼집은 얕게 넣는다. 또 너무 깊으 면 나중에 그 자리가 헤벌어져 보기에도 안 좋다.

그것을 미리 준비한 양념간장에 버무린다. 양념간장은 중간 크기짜 리 닭 한 마리라면 진간장 큰술로 다섯쯤에다가 마늘 큰 것으로 한 통, 실파 두어 뿌리를 모래알처럼 곱게 다져 넣고 맨 나중에 참기름을 나우 부어 만든다. 그리고 꿀이나 설탕을 조금 넣는다.

양념간장이 골고루 묻었다 싶으면 5분쯤 재워 두었다가 두꺼운 냄비

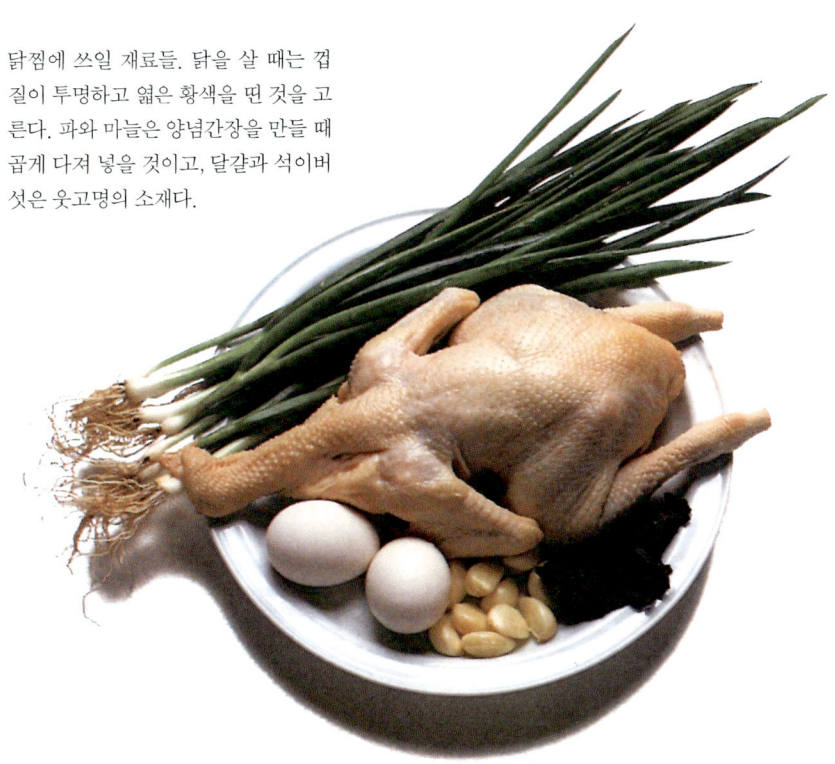

닭찜에 쓰일 재료들. 닭을 살 때는 껍질이 투명하고 엷은 황색을 띤 것을 고른다. 파와 마늘은 양념간장을 만들 때 곱게 다져 넣을 것이고, 달걀과 석이버섯은 웃고명의 소재다.

에 앉힌다. 냄비에 앉힐 때는 양념간장 담겼던 그릇을 부신 물이나 부을 정도니 물은 거의 붓지 않는 셈이다. 뜻밖에도 닭에서 물이 많이 나서 닭이 냄비 바닥에 눌어붙을 걱정이 전혀 없다.

중간 싸기의 불에 냄비를 올려놓고 30분쯤 지나면 물이 다 졸아들고 간이 고루 배어 다 익는데, 간이 고루 배라고 중간에 한두 번쯤 뒤적여 준다.

다 익은 닭찜은 붉은 갈색으로 윤이 자르르 흐른다. 거기에다가 노란 지단, 검은 석이버섯 곱게 채 쳐 얹고 잣을 뿌리면 썩 먹음직스러우니, 그런 기름기 없는 닭고기 씹는 맛이 썩 훌륭함은 말할 나위도 없다. 그

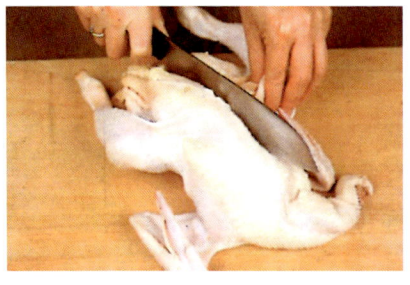

넓적다리 크기를 기준 삼아 닭을 도막 낸다.

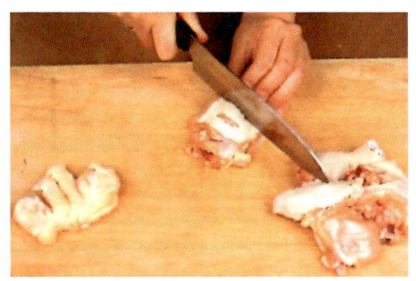

도막 낸 닭에 칼집을 넣는다.

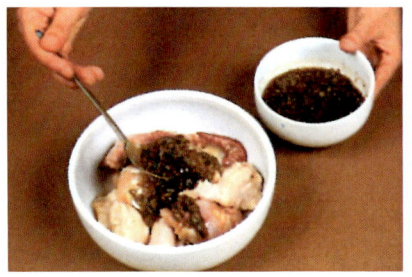

양념간장을 칼집 낸 닭고기 도막에 끼얹어 재워 놓는다.

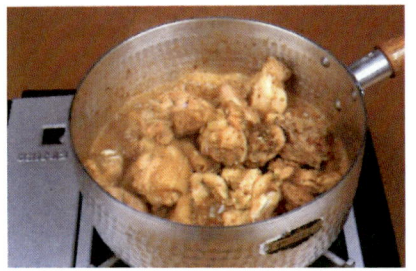

그것을 냄비에 담아 중간 싸기의 불에 올려놓고 30분쯤 조린다.

런 닭찜은 밥반찬으로도 좋지만 간식으로도 아주 훌륭하다. 그러니 요새 많이 떠드는 것처럼 '로열티' 주고 서양식으로 튀긴 닭다리를 뜯는 것이나 어떤 닭을 무슨 기름으로 튀겨 만들었는지초자 알 수 없는 '닭튀김'보다 훨씬 더 맘 편히 맛있게 먹을 수 있다.

　닭찜말고도 우리나라 음식에는 닭으로 해 먹는 것이 많다. 가장 대표로운 것으로 한여름 삼복이 되면 보신탕 다음으로 인기를 누리는 삼계탕이나 영계백숙을 들 수 있다. 이 글의 첫머리에서 말한 옛날에 사위에게 고아 먹였다는 닭이 바로 그것인데, 닭 배 가르고 삼을 한 뿌리라도 넣었으면 '삼계탕'이요, 살이 더 연한 어린 닭 배를 갈라 삼 빼고 딴 재료

들만 넣고 고았다면 그냥 '영계백숙'이라고 부르는 것이다. 그럴 때 배 속에 넣은 여러 재료는 얇은 헝겊에 싸서 넣기도 하고 그냥 넣기도 하며, 어떻게 하였거나 속에서 빠지지 말라고 닭 허리를 굵은 실로 몇 번 둘러 동여맨다. 그것을, 물을 닭이 푹 잠기게 넉넉히 붓고 국물이 짙은 젖빛이 될 때까지 뭉긋한 불에 오래도록 고아 국물 마시고 살 찢어 소금 찍어 먹고, 속은 속대로 다 먹고 나면 한여름에 땀으로 빠져나간 기운이 보충된다.

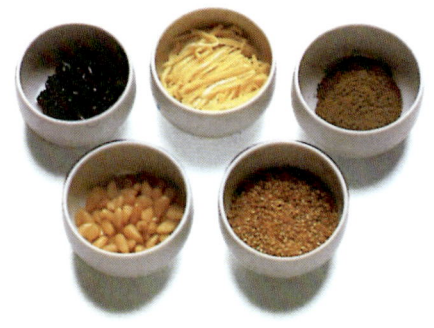

양념간장을 만들 때 쓰일 재료와 닭찜을 다 한 뒤에 웃고명으로 쓸 달걀 지단과 석이버섯 채 친 것, 잣 등이다.

굴비장아찌

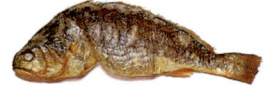

굴비로 무얼 해 먹으면 좋을까? 더위에 지쳐 몸이 축나기 쉬운 여름날에 그저 한놈 쭉 빼어 석쇠에 굽거나 몸집에 칼집 내어 고추장 양념 발라 구워 먹으면 저만치 물러갔던 입맛이 되살아올 것이다. 또 고사리 넣고 찌개를 끓여도 얼큰하여 속이 다 시원하다. 그런가 하면 장아찌를 담가 밑반찬으로 두고 먹기도 한다. 굴비값이 지금처럼 비싸지 않았던 옛날에도 굴비장아찌는 부잣집에서나 담가 먹던 귀한 음식이다.

굴비장아찌를 담그려면 무엇보다도 굴비가 진짜 참굴비여야 한다. 참조기로 만든 참굴비는 배가 평퍼짐하니 퍼진 것이 마치 만삭이 다 된 부잣집 맏며느리 같은 느낌을 준다. 그러니 키가 날씬하니 큰 농구 선수 같은 분위기를 주는 수조기와는 구별이 된다. (게다가 조기의 사촌이랄 수 있는 부세, 곧 요새 음식점에서 흔히 '굴비구이' 해서 내놓는 것들과는 더 또렷이 구별된다.) 예전에는 오사리 때―곧 이른 철의 사리―잡아 말린 오사리 굴비를 으뜸으로 쳤으니 몸이 거무틱틱하니 놀깃놀깃하고 비늘이 얼마 없었다. 그러나 요새 것은 마치 갑옷 입은 병정처럼 몸에 비늘이 많고 살이 덜 단단하다.

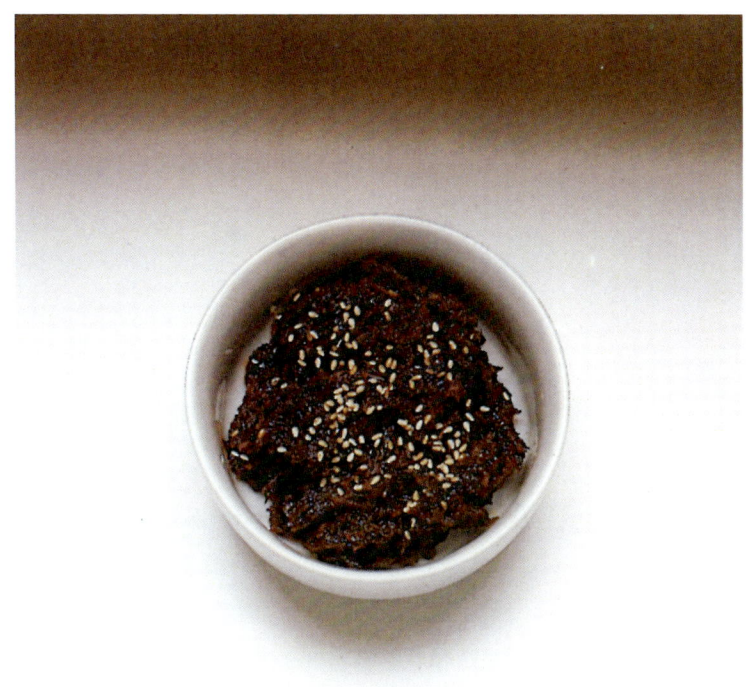

진짜 참굴비로 만든 굴비장아찌 한 종지. 한 젓가락 먹으면 서걱서걱 소리가 나고 단단한 굴비 살이 다 삭아 맛이 부드럽다.

굴비를 사서 굴비장아찌를 만들려면 우선 잘 말리는 것이 중요하다. 본디는 바닷가에서 바닷바람을 쐬어 가며 말려야 진짜 맛이 배는 법이나 그냥 아쉬운 대로 집에서 그늘에 걸어 두고 말린다. 몸에 조금이라도 물기가 남아 있으면 껍질이 벗겨지지 않으니 바짝 말려야 한다. 말리는 기간은 날씨에 따라 유동적이므로 일정치 않으나 대개 한 달 안팎쯤 말리면 된다. 만져 보아 껍질이 단단하다 싶으면 방망이로 자근자근 두들겨 북어 껍질 벗기듯이 칼로 껍질을 쭉 벗긴다.

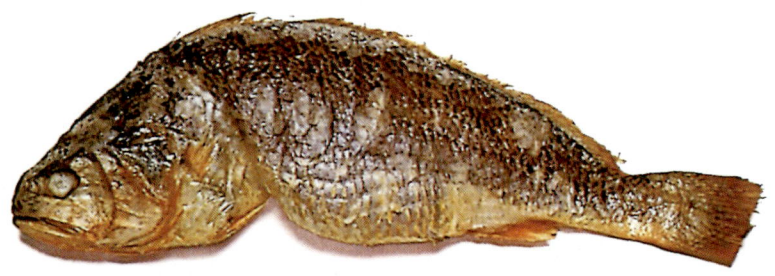

참조기로 만든 참굴비는 배가 펑퍼짐하니 퍼진 것이
마치 만삭이 다 된 부잣집 맏며느리 같은 느낌을 준
다. 그러니 키가 날씬하니 큰 농구 선수 같은 분위기
를 주는 수조기나 조기의 사촌이랄 수 있는 부세와
는 구별이 된다.

　　이것을 고추장에 박는데, 이때 고추장은 보리고추장이어야 굴비장아
찌가 제맛이 난다. 이 기회에 보리고추장 담그는 법도 같이 알아 두는
것이 좋겠다.

　　우선 보리를 빻아 가루를 낸다. 그 가루에 물을 타서 되직하게 반죽
하여 떡을 찐다. 그다음에 한 주먹만큼씩 떼어 또아리를 빚고 꼬챙이에
껴서 햇빛에 바짝 말린다. 바짝 마르거든 다시 빻아 가루를 내고 거기에
고춧가루와 엿기름가루를 섞어 물 붓고 푹 끓인다. 굴비 박을 고추장은
몹시 달아야 제맛이 나므로 찍어서 맛을 보아 덜 달거든 엿을 녹여 넣어
서라도 달게 만든다. 그런데 햇고추장보다는 묵은 고추장을 다시 엿 녹
여서 달여 써도 좋다.

　　여기에 껍질을 벗긴 굴비를 박고 위에 고추장을 듬뿍 얹은 다음에 한
지로 뚜껑을 만들어 덮고 볕에 둔다. 비가 오거나 습한 날 다음날에는
반드시 뚜껑을 열어 볕을 쪼이고 다시 한지 뚜껑을 덮어 두거나 한다.
장독이 본디 햇빛을 통과시키고 물을 빨아들이는 습성이 있어 틈이 조
금만 생겨도 파리가 꾀기 쉬우니 간수를 잘해야 한다.

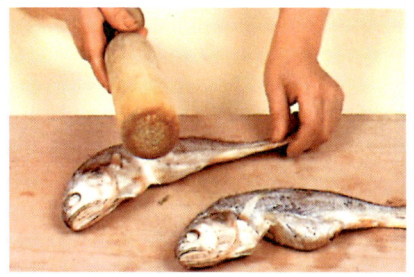 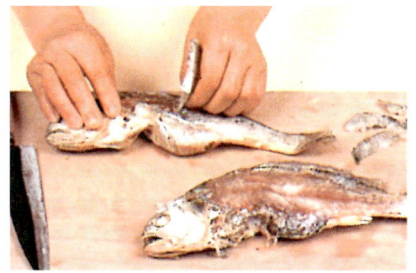

말린 굴비를 방망이로 자근자근 두들긴다.

대가리와 꼬리를 잘라내고 칼로 껍질을 쭉 벗긴다.

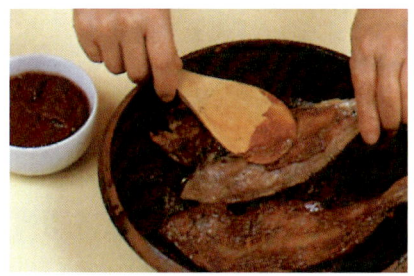

이 굴비에 보리고추장을 앞뒤로 골고루 듬뿍 바른다.

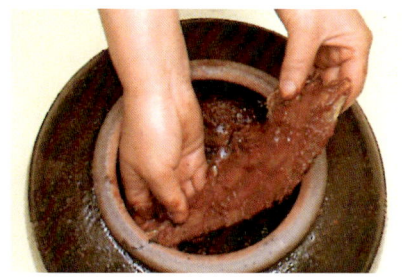 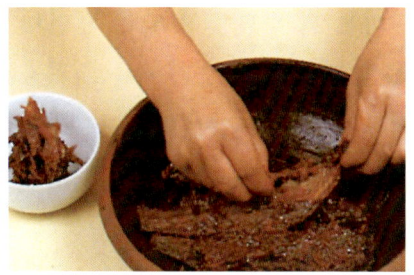

항아리에 고추장을 바른 굴비를 켜켜로 넣고 맨 위에 고추장을 듬뿍 얹어둔다. 한지로 뚜껑을 만들어 덮고 볕에 둔다.

상에 올릴 때는 먹기 좋은 크기로 살을 발라 종지에 담아 올린다.

이렇게 고추장에 박아 한해를 넘기고 다음에 봄쯤 꺼내어 먹으면 굴비에 구수한 보리고추장 맛이 속속들이 배어 아무런 양념을 치지 않아도 밥맛을 충분히 돋워 준다. 한 마리 쭉 빼서 먹기 좋은 크기로 살을 발라 먹는데, 먹을 때마다 굴비를 꺼내기가 번거로우면 몇 마리 꺼내어 병에 담아 뚜껑을 꽉 봉해서 냉장고에 넣어 두어도 맛이 변하지 않는다. 이때 굴비를 꺼내느라 들쑤신 고추장은 마치 김치가 시어지지 않도록 맨 위를 다독거리고 무거운 돌멩이를 눌러 놓듯이 손으로 꾹꾹 눌러 두어야 한다.

준치국

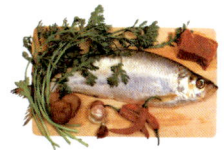

　"썩어도 준치"라는 말이 있을 만큼 맛있는 생선이면서도 가시 때문에 그다지 인기가 없는 것이 바로 준치다. 음식을 만들 때 가시를 발라내고 하지 않으면 먹는 사람에게 고생이 되고, 먹는 사람 편케 하자니 음식 만드는 사람 골탕먹는 것이 준치이기 때문이다. 그래서 인스턴트 음식이 판치는 세상에 태어난 성마른 요새 사람들은 준치를 잘 모른다. 그렇지만 그대로 내팽개쳐 두기엔 그 맛이 너무 아깝다.

　청어과에 드는 준치는 다 자라면 길이가 50센티미터쯤 되어 쉽게 볼 수 있는 생선 중에서는 큰 편에 든다. 옆에서 보면 배가 부르고 등은 반듯한 편이다. 비늘은 둥글고 아기 손톱만큼이나 크고, 등은 푸른빛이 도는 노란빛이고 배는 은백색이며, 배지느러미는 작고 뒷지느러미는 길다. 그다지 깊지 않은 바다의 중간 깊이쯤에서 사는 준치는 우리나라에서는 서해와 남해에서 많이 잡히고 6월쯤이면 알을 낳으러 강 하구로 몰려오는데 이때 잡힌 준치가 더 맛이 좋다. 이때가 바로 음력으로 단오쯤인데, 옛날에는 단옷날이면 거개가 준치국을 끓여 먹었다고 하며 단오가 지난 뒤에는 준치 맛이 덜해진다고 한다.

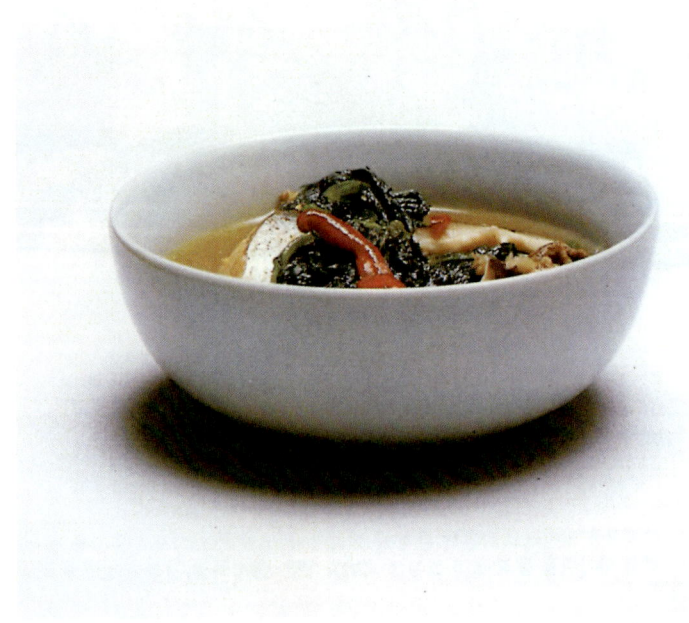

가시가 많아서 먹을 때 조심해야 하는 준치국은 그 맛이 여느 생선국보다 훨씬 뛰어나서 별로 비리지도 않고 살은 쫄깃쫄깃한 편이며 국물은 썩 달다.

국을 끓이려면 준치가 한 마리, 쇠고기 등심으로 반 근, 표고버섯 서너 개, 쑥갓 한 단, 빨간 고추 한두 개, 그리고 우리나라 음식에는 거의 빠지지 않는 파, 마늘과 후춧가루, 깨소금 들이 필요하다.

어느 음식이나 무엇보다도 신선한 재료를 써야 그 맛이 사는데, 특히 생선은 더 그렇다. 생선을 살 때는 눈이 말똥말똥하고 아가미를 들춰 보아 빨갛고 거미줄 같은 진이 나는 것을 골라야 한다. 이런 것을 골라 놓으면 요새 생선 가게에서는 흔히 용도에 따라 생선을 다듬어 준다. 준치도 마찬가지다. 그렇지만 누가 집에 준치를 통째로 사 들고 왔다면 손수 다듬는 수밖에 없을 터이다. 생선을 다듬는 칼은 날이 얇고 아주 잘 들

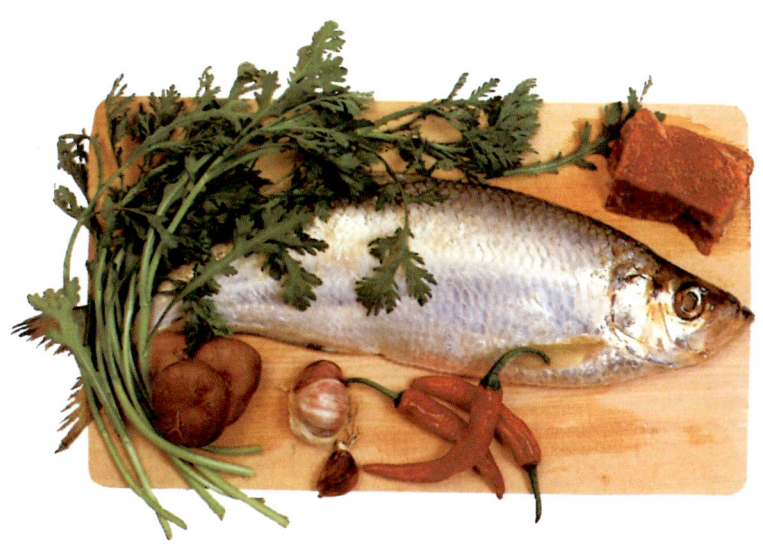

준치국을 끓이려고 마련한 준치 한 마리와 그 밖의 재료들. 준치를 고를 때는 눈이 맑고 아가미를 들춰 보아 빨갛고 거미줄 같은 진이 나는 것을 골라야 한다.

어야 하는데, 준치를 만질 때는 그런 칼도 다시 한번 별러서 쓰는 편이 현명한 처사다. 어디에 칼을 대도 가시가 걸리니 가시도 쉽게 베어 버릴 만큼 날이 서야 하기 때문이다.

먼저 배지느러미 있는 곳을 길게 바짝 잘라내고—보통 다른 생선은 배를 가르지만 준치는 가시가 걸리적거려서 잘 갈라지지 않는다.—내장을 긁어내 버린다. 이때 알이 있으면 그것은 따로 두었다가 국을 끓일 때 생선 토막과 함께 넣는다. 다음에 머리를 자르고 나머지를 세 토막쯤으로 낸다. 어떤 집에서는 먹기 좋도록 준치에 잔 칼질을 하여 가운데 등뼈만 남겨 두고 가시는 미리 다 골라내고 토막을 내기도 한다는데, 그냥 토막을 내는 것보다는 볼품이 없다.

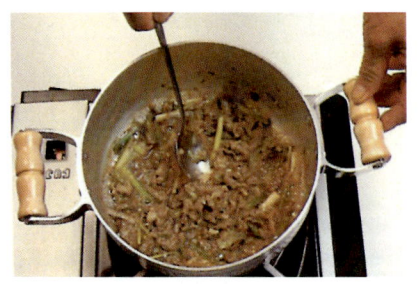

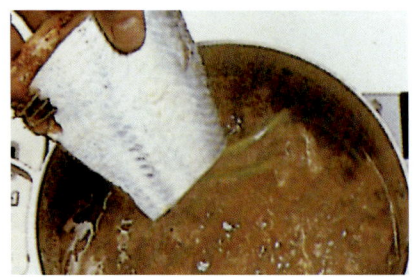

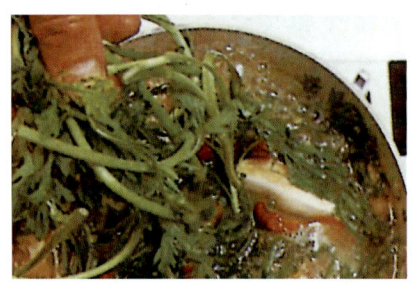

쇠고기는 기름기가 없는 등심을 먹기 좋을 만
한 크기로 잘라 갖은양념을 하여 볶다가 물을
적당히 붓고 끓인다. (위 왼쪽)

준치 대가리와 물에 불려 굵게 썬 표고와 쑥갓에
서 굵은 대를 잘라내어 함께 넣고 한소끔 끓인
뒤 준치 토막들을 넣고 펄펄 끓인다. (위 오른쪽)

준치 살이 다 물렀을 성싶으면 남은 쑥갓 이파리
와 빨간 고추를 넣고 부르르 끓여 낸다. (아래)

이렇게 생선을 만지기 전에 시간을 벌 요량으로 재료를 저마다 다듬
어 표고는 깨끗이 씻어 미지근한 물에 담가 둔다. 그런 다음에 쇠고기는
먹기 좋을 만한 크기로 잘라 갖은양념―파, 마늘, 후춧가루, 깨소금, 조
선간장―을 하여 볶다가 물을 적당히―머리 부분을 뺀 준치가 세 토막이
니 세 사람이 먹을 분량―붓고 끓인다.

한소끔 끓고 나면 거기에다가 준치 대가리와 물에 불려 굵게 썬 표고
와 쑥갓에서 굵은 대를 잘라내어 함께 넣고 또 한소끔 끓인다. 그다음에
남은 세 토막을 넣고 펄펄 끓이다가 살이 다 물렀으면 나중에 남은 쑥갓
과 굵게 썬 빨간 고추를 넣고 부르르 끓여 낸다. 쑥갓의 대를 미리 잘라
넣는 것은 그 향을 우려내기 위함이요, 그 이파리를 나중에 넣는 것은
그 푸른 빛깔을 즐기기 위함이다.

준치국을 상에 올릴 때는 여느 생선국이나 마찬가지로 조그만 종지

에 초를 담아 국 가까이에 놓는다. (아예 국에다가 초를 서너 방울 떨어뜨리기도 한다.) 국물을 먹을 때 먼저 숟가락을 초에다 찍어 뜨고, 살코기를 먹을 때 젓가락으로 뜯어서 가시를 발라내고 그 초에 살짝 담가 먹으면 생선의 비린내가 가시니 저마다 입맛에 따라 준치국을 즐길 수 있는 것이다. 그렇지만 준치는 그다지 비린 생선이 아니어서 초를 찍지 않고 그냥 먹어도 그 맛이 담백하고 살은 쫄깃쫄깃한 편이며 국물은 아주 달다.

이와 같은 준치국말고 서울 사람들이 해 먹는 것으로 준치 만두란 것이 있다. 이것은 손이 많이 가서 특별한 날에나 벼르고 별러 하게 되므로 자주 맛볼 수는 없지만, 목에 준치 가시가 걸릴까 봐 걱정할 필요가 없이 준치의 맛을 즐길 수 있는 우리 고유의 음식이다.

신선한 준치 한 마리를 잘 씻어서 작은 가시 부스러기 하나라도 들어가지 않도록 조심하여 긁어모은 준치 살과 곱게 다진 쇠고기 반 근쯤을 따로따로 갖은양념을 섞어서 쟁여 놓고, 두부를 베 보자기로 싸서 물기 없이 꼭 짜 놓고, 표고를 굵게 다진다. 씨 뺀 오이를 가늘게 채 쳐 소금에 살짝 절였다가 기름을 조금 둘러서 파릇파릇하게 볶는다. 이처럼 준비가 되면 준치, 쇠고기, 두부, 표고, 오이 들을 다 한데 섞어 소금으로 간을 맞추어 한입에 들어가기 좋을 만하게 큰 밤톨만큼씩 떼어서 속에다가 잣을 대여섯 개씩 박아 동글려 빚는다. 이것을 밀가루에 굴려 찬물에 잠가내어 녹말가루에 다시 굴려 펄펄 끓는 물이나 장국에 넣어 삶는다. 이것이 충분히 익어 위로 떠오르면 찬물에 한번 헹궈 건져 합이나 대접에 담아 초장과 함께 상에 올린다. 이처럼 국물 없이 그냥 놓기도 하지만, 맛있는 장국을 붓고 달걀 지단을 곱게 채 쳐 멋을 내어 얹어 놓기도 한다. 이렇게 하면 어떤 귀한 손님들에게 내놓아도 훌륭한 대접이 된다.

농어회

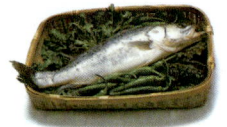

    농어는 강에서도 살고 바다에서도 산다. 본디 가을이나 겨울에 민물과 바닷물이 합쳐지는 하구에서 알을 낳고, 그 알에서 깬 어린 물고기가 강을 거슬러 올라가 봄과 여름을 보내고 가을이 깊어지면 다시 바다로 간다. 그렇지만 줄곧 바다에서만 살기도 해서 우리나라의 농어는 거개가 바다, 특히 황해에서 잡힌다.

    다 자라면 길이가 1미터쯤 되기도 하지만 우리가 시장에서 흔히 볼 수 있는 것은 대충 그 반쯤 되는 것들이다. 몸뚱아리의 생김새는 '생선처럼' 생겼으며, 머리가 다른 생선에 견주어 큰 편이고, 주둥이가 뾰족하고 아래턱이 위턱보다 튀어나와 있다. 등 쪽이 회색빛과 청록색을 띠며 등지느러미와 배지느러미가 발달되어 있어 매우 강해 보이는데, 아닌 게 아니라 게나 새우 같은 갑각류나 조개 종류 그리고 작은 물고기들을 잡아먹고 산다.

    농어로 무슨 음식을 해 먹더라도 싱싱함이 중요함은 마찬가지지만 회를 뜰 생선은 특히 더 싱싱해야 한다. 바다에서 막 건져 올린 생선이라면 두말할 나위도 없이 좋겠으나 대처에 가만히 앉아서 그런 것을 바랄 수는 없는 노릇이다. 그러나 우선 냉동한 생선은 반드시 피할 것이

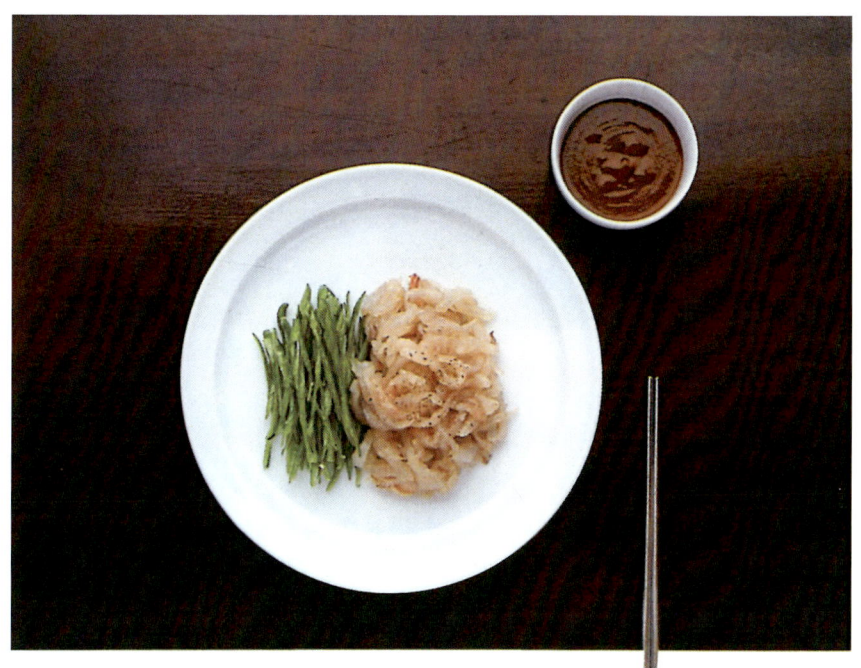

채 친 풋고추와 함께 담아 놓은 한국식 농어회 한 접시

며, 비록 숨은 멈춘 것이라도 눈망울이 또랑또랑하고 비늘이 다 제대로 붙어 있으며 아가미를 들춰 보아 빨간빛이 선명하고 냄새가 없는 것을 골라야 한다.

성성한 농어에서 피를 빼고 비늘을 깨끗이 긁어낸 다음에 아가미 뚜껑을 들춰 아가미를 들어내고 배를 갈라 내장을 빼낸다. 그다음에 칼질을 하는데, 그 순서는 이렇다.

농어를 도마 위에 뉘고 꼬리에서 머리 쪽으로 살을 뜨되 아가미 가장자리 가운데에서 배 가운데까지 눈대중으로 쳐 본줄을 넘지 않게 뜬다. 그러기를 그 뒤편에서도 뒤집어 놓고 똑같이 한다. 껍질이 붙은 채로인 살이 두 도막이 나왔다. 그다음에 그것들을 껍질이 붙은 쪽이 도마 쪽으

로 가게 놓고 그 껍질을 벗기는데, 먼저 꽁지 쪽에서 조금 껍질을 벗겨 내고 그것을 잡고 칼을 뉘여 머리 쪽으로 밀면 칼만 웬만큼 잘 들면 그다지 어렵지 않게, 또 놀랍도록 잘 벗겨진다.

이번에는 순살 두 도막에서 가시가 있는 가운데 부분을 잘라낸다. 그러면 크고 작은 도막이 저마다 두 개씩 생겼다. 일본의 여느 '사시미'는 그런 뒤에 그냥 한입에 들어갈 만한 크기로 고르게 썰지만, 한국식 어회를 칠 때는 좀 다르다. 그 도막들에서 조금 도톰하게 포를 뜨듯이 살을 떠내어 그것들을 모아 채를 써는 것이다.

참기름을 조금 치고 손가락으로 그것들을 조물조물 무치면 그것이 한국식 농어회다. 참기름을 치는 것은 고소한 맛을 더하기 위함이기도 하고, 그리하면 조금 시간이 지나도 맛이 변치 않는다.

그처럼 채 쳐 무친 농어의 살은 빛깔이 다른 생선들에 견주어 파르스름하고 초고추장을 찍어 먹으면 맛이 고소하면서 담백하며 씹을 때 쫄깃쫄깃하다.

농어가 워낙 값비싼 생선이라 젓을 담그는 일은 엄두를 낼 수 없겠으나 이 기회에 농어젓 담그는 법을 알아보자.

상추와 쑥갓 위에 뉘인 농어 한 마리. 무엇을 해 먹더라도 싱싱함이 중요함은 마찬가지지만 회를 뜰 생선은 특히 더 싱싱해야 한다. 어물전에서 생선을 고를 때는 눈망울이 또랑또랑하고 비늘이 제대로 다 붙어 있으며, 아가미를 들춰 보아 빨간빛이 선명하고 냄새가 없는지 꼼꼼히 살펴야 한다.

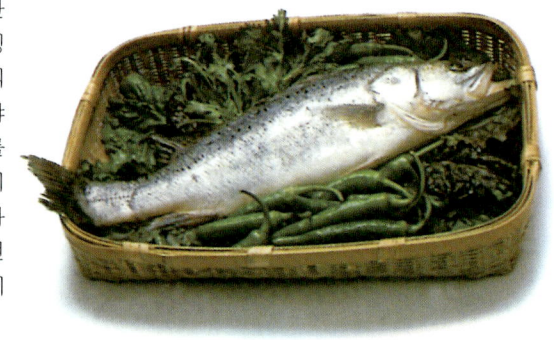

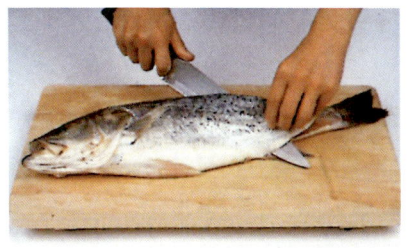

꼬리에서 머리 쪽으로 살을 뜨되 내장이 들어 있던 아가미 쪽의 배 부위는 빼놓고 뜬다.

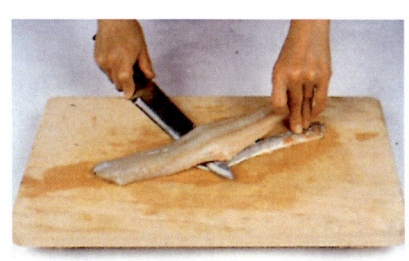

껍질이 붙은 채로인 살 도막을, 껍질을 도마 쪽 으로 가게 놓고 그것을 벗겨낸다.

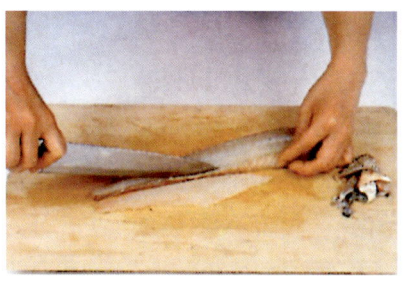

가시가 박혀 있는 부분을 도려내면 크고 작은 살 도막이 두 개씩 나오게 된다.

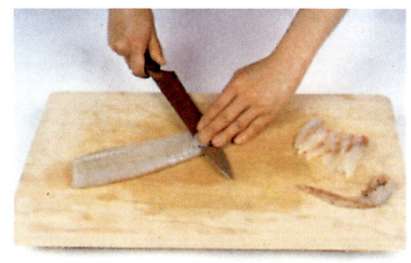

한국식 어회를 뜰 때는 먼저 포를 뜨듯이 도톰 하게 살을 떠낸다.

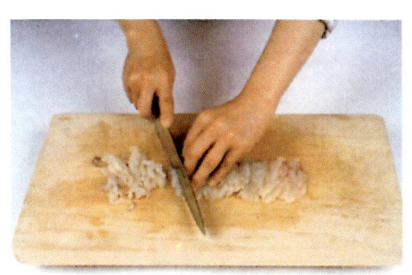

그것들을 모아 놓고 가지런히 채를 친다. 채를 칠 때는 굵게 쳐야 씹는 맛도 있고 살이 뭉개지 지도 않는다.

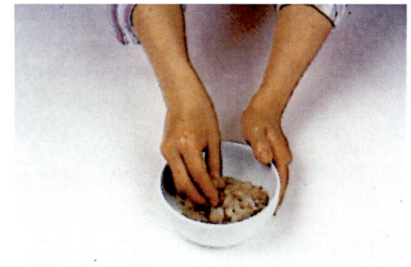

채 친 농어에 참기름을 조금 치고 손가락 끝으 로 조물조물 무친다. 그리하면 고소한 맛이 더 해지기도 하려니와 시간이 좀 지나도 맛이 가 지 않는다.

농어 한 짝을 사다가 비늘도 긁지 않은 채로 대소쿠리처럼 물이 잘 빠지는 데다 늘어놓고 찬물을 한두 번 끼얹은 정도로만 씻는다. 생선을 '너무 잘' 씻으면 그 고유한 단맛이 빠지니 그런다. 그것들 아가미에다가 굵은소금을 꽉꽉 채워 넣고 항아리에 담고, 또 굵은소금을 농어가 보이지 않을 만큼 넣고 채우기를 켜켜로 되풀이한다. 한창 농어가 성어인 6월쯤에 그처럼 젓을 담가 그늘에 두면 김장철에는 폭 삭아 여간 달지 않다. 그것을 꺼내어 농어 살은 적을 떠서 김치 속에 넣고, 나머지 대가리·뼈 따위는 푹 고아 체에 받쳐 김칫국물을 하면 썩 달다.

젓갈이야 욕심대로 못 담근다 하고 농어회를 뜨고 남은 것으로 끓이는 농어찌개 또한 일품이다. 농어회 뜨고 남은 것을 가시까지 몽땅 넣고 국물을 바특하게 잡아 고추장을 풀고 호박을 듬성듬성 썰어 넣고 끓이는데, 농어는 좀 비린 편이라 양념할 때 생강을 좀 넣어 비린 맛을 없앤다.

붕어 조림

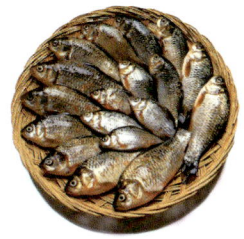

    붕어는 잉어과에 드는 민물고기로 길이가 어른 팔뚝만한 것까지 있다. 낚시꾼들이 월척이라 이르는 것은 30센티미터가 넘는 것으로, 낚시꾼 평생에 몇 번 잡기 힘들다. 그렇지만 붕어는 아무것이나 잘 먹고 어떤 환경에나 쉽게 적응하므로 강, 저수지뿐만 아니라 물풀이 많은 작은 물웅덩이에서도 잘 살아 우리나라 어디에서나 발견되는 대표되는 민물고기다. 한편으로 어항을 열대어 따위에 빼앗기기 전까지 우리 주변에 흔히 볼 수 있던 금붕어는 붕어의 변종으로, 흔히 붕어보다 작으며 통통하고 꼬리가 아름답게 발달하여 있다.

    이제 붕어 조림을 만들어 보자. 붕어를 조릴 때 필요한 재료들은 이렇다. 곧 붕어말고도 무, 감자, 양파, 풋고추, 빨간 고추, 파, 마늘, 고추장, 참기름 그리고 북어 들이다.

    붕어를 다듬는 일은 꽤 어렵다. 겉이 미끄덩미끄덩거려 손에서 금방 빠져나가는 붕어의 꼬리를 잡고 비늘을 거슬러 벗기고, 배를 갈라 내장을 빼내고, 아가미를 빼내고, 지느러미를 잘라내야 한다. 이것을 맑은 물로 깨끗이 닦는다.

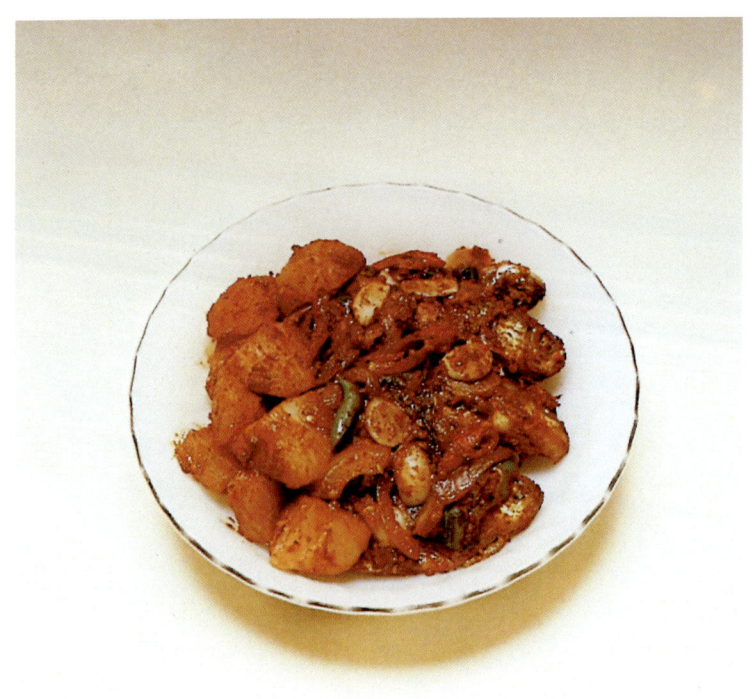

살이 쫀득쫀득하고 뼈까지 다 녹아들어 그대로 먹을 수 있는 붕어 조림 한 접시

먼저 찜통에다가 삼사십 분을 쪄서 푹 익힌다. 흔히 붕어를 조린다는 얘기는 들었지만 쪄서 한다는 소리는 아마도 처음일 수가 많은데, 그렇게 하면 나중에 뼈마저도 먹을 수 있다고 한다. 쪄진 붕어는 완전히 식혀서 한 마리씩 떼어낸다. 덜 식었을 때 성급히 떼어내려 하면 붕어들끼리 서로 껍질이 들러붙고 살이 떨어져 나가 볼품이 없어진다.

찌는 동안에 다른 재료들을 만져 둔다. 우선 붕어가 어른 손바닥 길이만큼씩 한 것 스무 마리쯤이라면 감자 중간 크기로 다섯 알, 무 어린

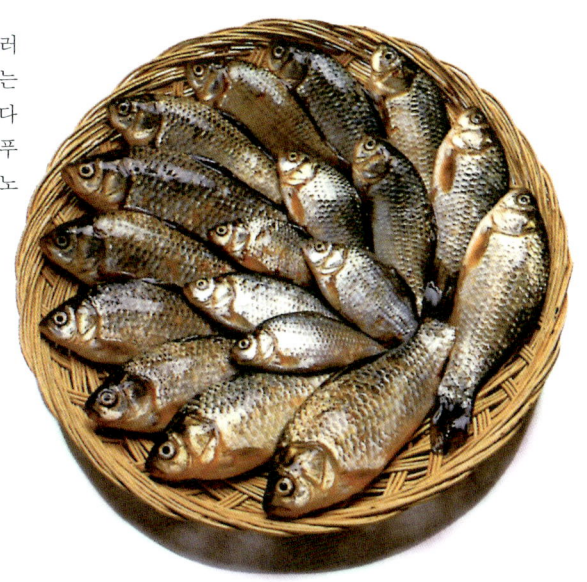

낚시로 잡아 올린 붕어 여러 마리. 갓 잡은 붕어는 사는 물에 따라 몸빛이 조금씩 다르나 대체로 등 쪽에서는 푸른기가 돌고, 배 쪽에서는 노란기가 돈다.

아이 팔뚝만한 것 하나―무를 넣으면 제물이 많이 나와 따로 물을 붓지 않아도 오랫동안 조렸을 때 바닥에 눌어붙지 않는다.―를 큼직큼직하게 썰어 놓는다. 또 북어도 한 마리 네다섯 토막으로 잘라 놓는다. 다음에는 양념장을 만드는데, 양파를 두툼하고 크게 썰고, 풋고추·빨간 고추 모두 어슷어슷하게 썰고, 파 굵은 것으로 두어 뿌리 굵게 다져 놓고, 마늘은 한 통 곱게 다지고 반 통은 얇게 썬다. 그것을 큰 그릇에 한꺼번에 쏟아붓고 거기에 고추장, 참기름을 넉넉히 넣고 골고루 섞는다.

그렇게 준비가 다 됐으면 커다란 냄비에, 맨 밑에 무와 감자를 한 층 깔고 양념장 덮고, 북어 놓고, 붕어 한 켜 놓고 또 양념장으로 덮고, 다시 무·감자 깔고, 북어·붕어 한 켜, 양념장 놓기를 되풀이한다. 그것을 싼 불에 올려놓고, 끓기 시작하면 불을 여리게 줄여 한 시간쯤 조린다.

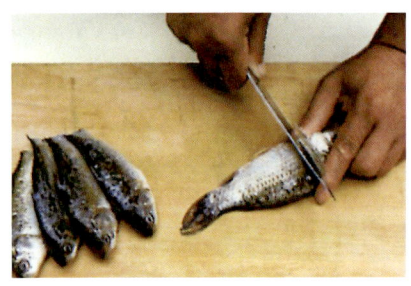

붕어의 비늘을 벗기고, 내장과 아가미를 들어
내고, 지느러미를 자른다.

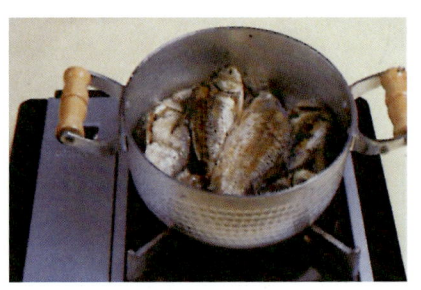

삼사십 분에 걸쳐 푹 찐다. 이렇게 쪄서 하면
뼈마저도 먹을 수 있다.

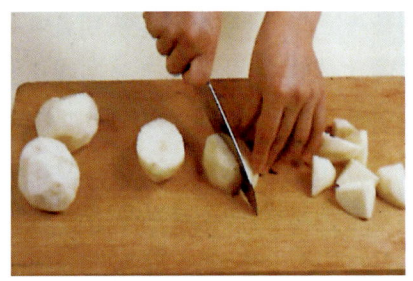

무와 감자를 큼직큼직하게 썬다. 무를 넣으면
따로 물을 붓지 않고 오래도록 끓여도 눌어붙
지 않는다.

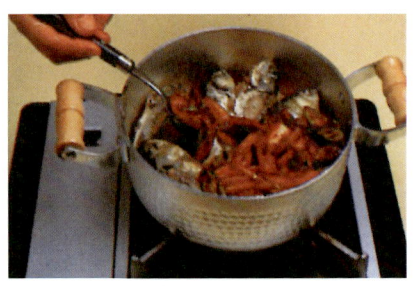

커다란 냄비에 무·감자 깔고, 양념장 덮고, 북
어 놓고, 붕어 한 겨 놓기를 되풀이한다.

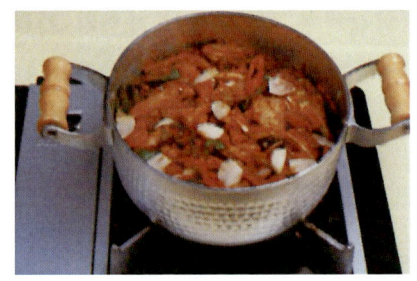

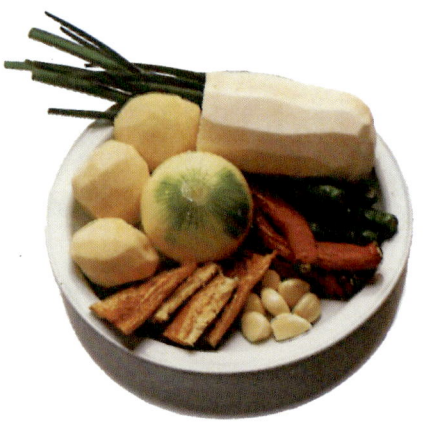

그렇게 하여 약한 불로 한 시간쯤 조리면 골고
루 간이 배어 맛이 훌륭하다.

붕어말고 붕어 조림에 들어가는 재료들. 북어
를 넣는 것이 독특하다. (오른쪽)

붕어가 열 마리 안팎으로 조금이라면 이렇게 한 번만 조려내도 다 익지만, 스무 마리가 넘어 켜가 많으면 아래쪽 것은 익고 위쪽 것은 잘 익지 않으므로―살이야 이미 다 익었지만 뼈가 덜 익었다는 말이다. 붕어를 조릴 때는 모양이 상할까 봐 뒤적이지 않는다.―그렇게 끓여낸 것을 우선 식혔다가 다시 뭉긋한 불에 올려 삼사십 분을 더 조린다.

그렇게 조린 붕어는 비린내가 전혀 없고 쫀득쫀득하며 앞서도 말했듯이 뼈까지 다 녹아들어 먹을 수 있다. 그리고 감자와 무에도 맛이 들어 여간 맛나지 않아 붕어를 안 먹는 이라도 그것들만은 열심히 골라 먹는다. 특히 북어를 넣으면 붕어의 지독한 비린내―민물고기가 바다 생선보다 비린내가 훨씬 더 심해서 붕어가 대문에 들어서면 벌써 비린내가 온 집 안에 번지기 쉽다.―가 싹 가신다. 그전에는 흔히들 알고 있듯이 식초를 쳤었는데 그 방법보다 이 방법이 더 '확실하다'고 한다. 그 북어 또한 다 조려지면 간이 배어 맛있다. (비린내를 빨아먹는 북어는 비린맛은 내지 않고, 고소하고 단맛을 낸다.)

붕어로 튀김을 하기도 한다. 다듬은 붕어를 후추와 소금만으로 절여 간이 배면 소쿠리로 물을 빼서 튀김옷을 입혀 기름에 튀겨내는 것이다. 그런데 시장에 파는 '튀김가루'가 아닌 밀가루와 계란을 물 알맞게 붓고 풀어 소금으로 간하여 집에서 만든 튀김옷을 입혀야 제맛이 난다. 그것을 초간장에 찍어 먹으면 붕어 대가리까지 아작아작 씹혀 고소하기 그만이다.

풍천 장어 구이

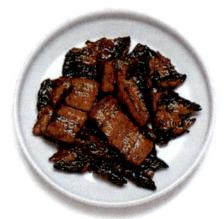

'호남의 내금강'이라고 불리는 선운산 기슭에 자리 잡고 앉은 선운사는 백제 시대에 지어진 절로, 오색 단풍으로 유명한 가을철이 아니면 참으로 한적하다. 골짜기를 흐르는 개울물 소리가 듣기만 해도 시원스럽고, 나무들이 빽빽한 울창한 숲속으로 난 길을 거닐다 보면 어느새 더위가 저만치 가 있다.

선운사 언저리에는 잎차와 산딸기(복분자)가 많이 나며, 그 뒤쪽에는 500년 묵은 동백나무가 빽빽이 들어서서 숲을 이루고 있다. 그리고 이 절 부근의 특산물로는 먹고서 오줌독에 오줌을 누면 오줌독이 엎어질 만큼 정력이 좋아진다고 하는 복분자술과 풍천 장어가 있다.

풍천 장어는 바닷물과 강물이 어우러지는 '풍천'('바람 풍' 자, '내 천' 자를 쓰는데 보통 바다에 물이 들어올 때 육지로 바람을 몰고 오기 때문에 붙은 이름인 듯하다.)에서 잡아 올린 장어로, 이곳말고도 영산강 하류인 나주의 구진포와 이리의 목천포에도 산다. 그러나 선운사 입구의 풍천 장어가 이름이 난 것은 정확한 이유는 알 수 없으나 가까이에 있는 염전 덕택으로 이곳 바닷물이 염도가 높아 장어 맛이 더 좋다고 소문이 나 있어

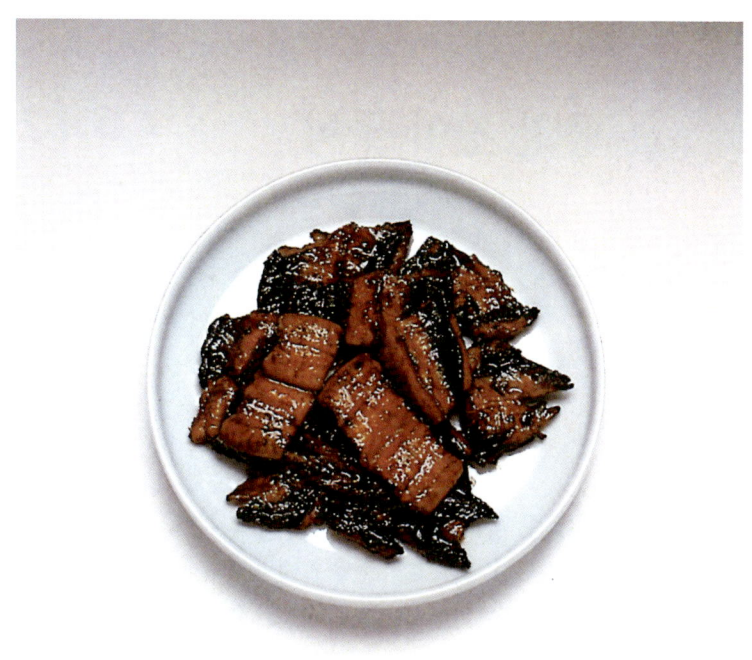

장어 구이 한 접시. '풍천 장어'로 유명한 선운사 언저리 장수강 하류에서 잡은 민물장어에 고추장 양념 발라 숯불에 구운 것이다.

서 그렇다.

양력 6월 하순께부터 10월 초까지에 가장 많이 잡히는데, 9월 중순쯤이면 한 마리 몸무게가 1,500그램이나 나가 어른 팔뚝만해진다.

요새는 일본 사람들이 장어를 지나치게 사가는 바람에 수요가 공급에 못미치어 값이 뛰었다. 그래서 양식한 장어가 많아졌다. 자연산 장어와 양식 장어는 우선 빛깔로는 구분을 못 한다. 일반적으로 바다에서막 올라온 것일수록 몸이 누렇거나 하얀빛을 띠고, 강물을 많이 먹은 것

일수록 검정색을 띠니 말이다. 다만 양식 장어는 몸통보다 대가리가 작고, 비만증에 걸린 사람처럼 살이 단단한 데 견주어 자연산 장어는 아가미 부분이 대가리보다 더 커서 조금 불거져 있고 살이 적으면서도 조금 구워 먹어 보면 쫄깃쫄깃하게 씹힌다. 맛뿐만이 아니라 영양가에서 차이가 질 수밖에 없으니, 자연산 장어가 새우나 게 또는 작은 물고기들을 마음대로 먹고 자라는 데 견주어 양식 장어는 기껏해야 고등어나 정어리가 든 배합 사료를 먹을 뿐이어서 그렇다. 몸무게가 200그램이 되는 데 양식 장어는 한 해가, 자연산 장어는 두 해가 걸리는 만큼 값도 자연산 장어가 양식한 것보다 두 곱절 가까이 더 비싸다.

풍천 장어 구이를 어떻게 만드는지 배워 보자.

먼저 산 장어를 도마에 놓고 송곳으로 아가미 밑을 찔러 움직이지 않도록 고정시킨다. 장어가 싱싱한 놈이면 금세 배 쪽에 선홍색 피가 핑 돈다. (죽은 것은 피가 굳어 돌지 않는다.) 대장간에서 특별히 주문하여 만들어 날이 잘 드는 장어칼로 대가리에서 꼬리 쪽을 향해 등을 반 갈라 펼친다. 억센 등뼈를 발라내고 먹기 좋은 크기로 썬다.

양념장을 만드는 데 드는 재료들. 장어 구이 맛은 양념장 맛에 달렸다고 해도 지나친 말이 아니다.

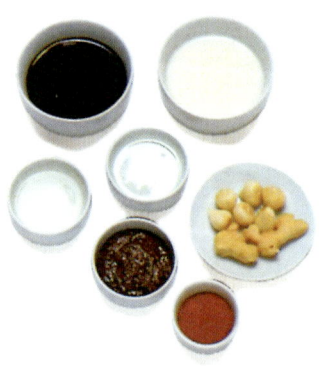

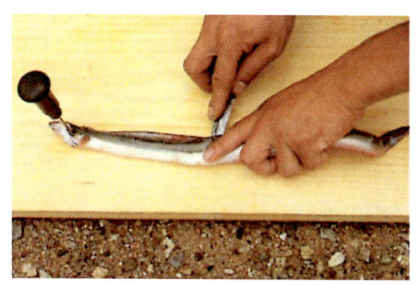

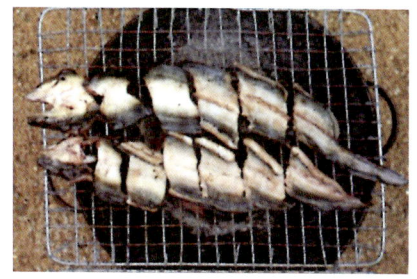

산 장어를 도마에 놓고 송곳으로 아가미 아래를 찔러 움직이지 않도록 고정시킨 다음 장어칼로 대가리에서 꼬리 쪽을 향해 등을 반 갈라 펼친다. 등뼈를 발라내고 먹기 좋은 크기로 썬다.

토막 낸 장어를 씻지 않고 그대로 초벌구이를 한다. 빨갛게 달군 참나무 숯불에 그물 두 개짜리 석쇠를 얹고, 그 사이에 장어를 놓고 굽되 타지 않도록 엎었다 뒤집었다 하여 굽는다.

갯장어(바닷장어)는 대가리에서 꼬리까지 뼈와 평행해서 잔가시가 수없이 나 있다. 이것을 낱낱이 발라내기가 어렵고, 씹을 때마다 잔가시가 걸려 먹는 일이 좀 귀찮고 밥상이 지저분해진다. 그러한 반면에 민물장어는 뼈라곤 등뼈 하나밖에 없으니 그로써 갯장어와 확실히 구분된다.

토막 낸 장어를 씻지 않고 그대로 초벌구이를 한다. 살림을 잘 모르는 젊은 부인들은 흔히 생선 요리를 할 적에 생선을 토막 내어 내장이며 피를 깨끗이 씻어내고 조리하기 쉬우나 그리하면 진짜 생선 맛이 줄어듦을 알아야 한다. 어쨌거나 빨갛게 달군 참나무 숯불에 그물 두 개짜리 석쇠를 얹고, 그 사이에 장어를 놓고 굽되 타지 않도록 엎었다 뒤집었다 하며 굽는다. 가스 불에서 해도 괜찮으나 갈비도 숯불갈비가 가장 맛이 좋듯이 숯불에 구운 것보다 맛이 덜하다.

그런 다음에 반드시 뜨거운 채로 양념장에 잰다. 그래야 장어 몸에 양념장이 쏙쏙 배어 맛이 좋아진다. 사실 장어 구이 맛은 양념장 맛이라고 해도 지나친 말이 아니다.

양념장은 이렇게 만든다. 먼저 아까 발라낸 장어 뼈와 대가리(대가리

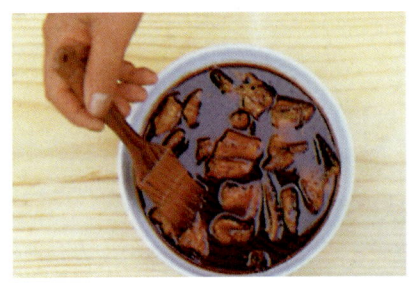

그런 다음에 반드시 뜨거운 채로 양념장에 잰다. 그래야 장어 몸에 양념장이 쏙쏙 배어 맛이 좋아진다.

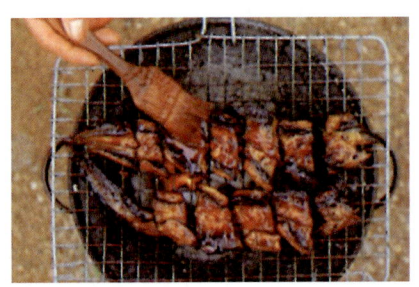

양념장에 재운 초벌구이한 장어를 다시 석쇠에 얹어 여린 숯불에 구우면서 붓으로 양념장을 두어 번 더 발라 준다.

는 살이 없고 단단해서 구워 먹지 않는다고 한다.)를 물에 넣고 뼈가 다 녹아 버릴 만큼 두 시간쯤 푹 곤다. 이 물에 진간장을 물 양만큼 타서 푸르르 끓인다. 여기에 물엿으로 단맛을 맞추고 고추장을 되지도 않고 묽지도 않을 만큼 풀어 섞고 고춧가루를 또 조금 탄다. 고춧가루를 타는 까닭은 고추장만으로 매운맛을 내면 빛깔이 검어져서 그걸 막느라고 그런다. 다시 한번 여린 불에 끓여서 청주를 간장 양의 10분의 1쯤 붓고 거품이 다 사그라들 때까지 오래오래 끓이다가 곱게 다진 마늘과 생강을 넣어 맛을 돋운다. 이 양념장을 식혀서 장어의 앞뒤에 바르는 것이다.

양념장에 재운 초벌구이한 장어를 다시 석쇠에 얹어 여린 숯불에 구우면서 붓으로 양념장을 두어 번 발라 준다. 그러면 겉이 타지 않고 익으면서 속까지 양념장이 배어 들어 맛이 한결 더 좋아진다.

장어는 단백질은 우수하지만 비타민C를 가지고 있지 않으므로 싱싱한 야채와 곁들여 먹는 것이 좋다. 곧 상추나 깻잎에 장어 한쪽과 마늘(또는 풋고추)을 놓아 쌈 싸 먹으면 물리지 않는다. 그리고 후식으로 과일을 먹어도 좋다.

어만두

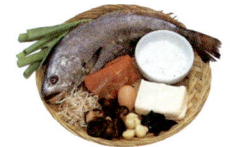

어만두는 쉽게 말해서 만두 껍질을 밀가루가 아닌 생선 살로 대신하고, 고기와 갖가지 야채를 다져 섞은 소를 넣어 빚어 쪄 차게 식혀 먹는 여름철 만두다. 그러잖아도 단단하고 맛이 단 민어 살에 녹말가루를 입혀 찐 것이니 그 쫄깃쫄깃함이 차가움과 어우러져 입을 즐겁게 한다.

어만두를 빚는 데 드는 재료들은 이렇다. 곧 민어 한 마리와 만두소로 쇠고기·두부·표고버섯·숙주나물·마늘 들이 쓰이고, 고명으로 달걀과 석이버섯이 쓰인다.

먼저 물 좋은 민어를 한 마리 산다. 모름지기 생선은 성성함에 그 맛이 있으니 되도록 아침 일찍 시장에 나가 보통 생선 고르는 요령대로, 이를테면 아가미가 선홍색을 띠고 비늘이 광택이 나며 배가 터지지 않은 것을 골라 산다. 흰살생선이 으레 그렇듯이 민어는 물건이 흔하지 않고 값이 비싸다.

아가미를 헤집어서 속의 내장을 끄집어내고 비늘을 칼날로 벗겨낸 다음에 껍질을 벗긴다. 민어를 도마에 놓고 왼손으로 꼬리를 잡은 채로 칼을 엇비슷하게 세워 몸에 칼집을 살짝 넣어 껍질을 벗겨 나간다. 생선이 성성할수록, 또 냉동된 것일수록 껍질이 잘 벗겨진다.

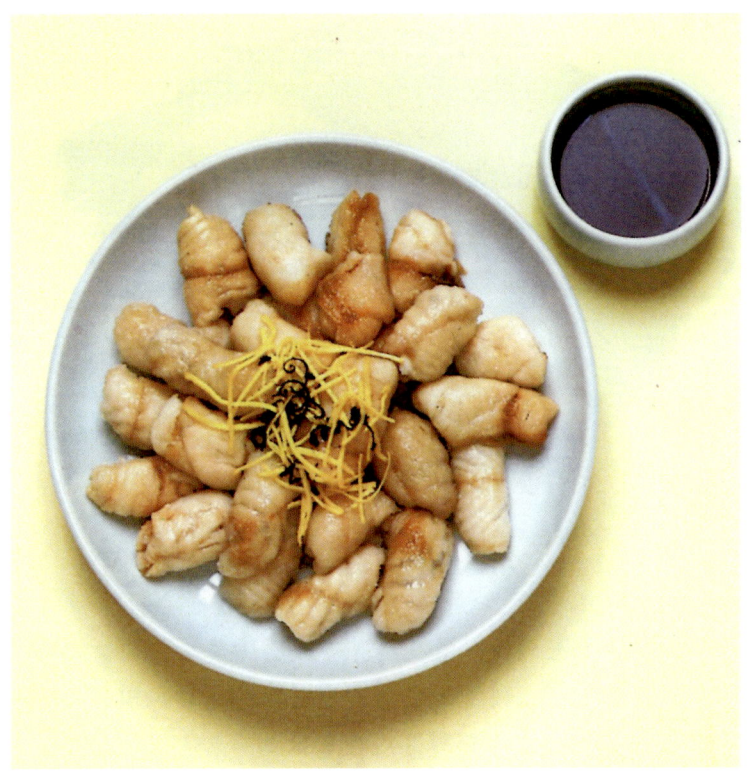

민어로 만든 여름철에 먹는 어만두 한 접시

껍질을 다 벗겨내고 흰살만 남은 민어를 얇게, 곧 두께가 0.2밀리미터쯤 되도록 포 떠서 가로 6, 7센티미터, 세로 5센티미터쯤으로 잘라 놓는다. 그리고 칼자루로 자근자근 두드려 나중에 열을 받을 때 오그라드는 것을 막아 주고, 그런 다음에 채반에 펼쳐 놓고 소금과 후춧가루를 적당히 뿌려 간을 한다.

이제 만두소를 준비한다. 숙주나물을 머리와 꼬리를 따내고 끓는 물에 소금을 넣고 5, 6분쯤 데쳐 잘게 다진다. 쇠고기는 연한 살코기일수

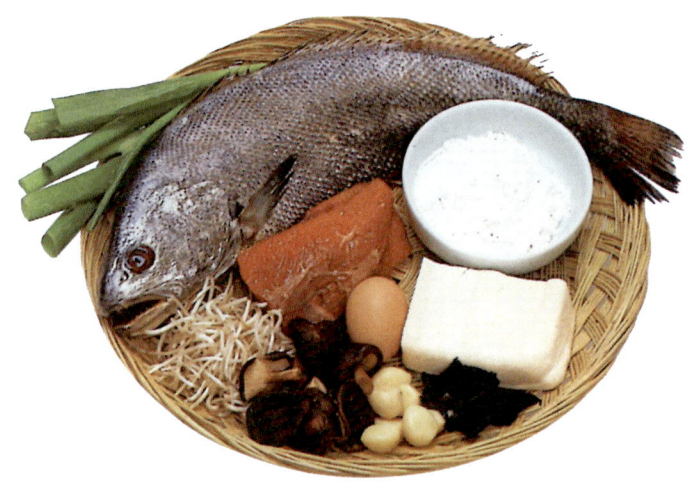

어만두를 만드는 데 쓰일 민어 한 마리와 만두소로
쓰일 여러 가지 재료들

록 더 좋다. 이것을 곱게 다져서 소금, 후춧가루, 마늘, 참기름으로 재워
놓고 표고버섯 또한 잘게 다져서 미리 갖은양념을 해둔다. 두부는 쓸 만
큼만 떼어서 도마에 놓고 칼등으로 다져 곱게 갈아 마른 베 보자기에 싸
서 물기를 꾹 짜낸다. 그러면 두부가 완전히 으깨어져서 그 입자가 곱고
부드러워진다. 이 모든 재료를 대접에 붓고 파와 마늘을 다져 넣어서 간
을 맞춘 다음에 골고루 섞어 대추알만하게 빚어 놓는다.

아까 떠 놓은 민어포를 펴 놓고 한쪽에 녹말가루를 듬뿍 묻힌 다음에
소를 넣고 돌돌돌 말아 다시 몸 전체에 녹말가루를 골고루 묻힌다. 이렇
게 빚은 만두를 펄펄 끓는 물에 삶는데, 냄비 바닥에 가라앉았던 만두가
위로 떠오르면 속까지 다 익은 것이니 건져서 바로 찬물에 담근다. 이는
어만두가 차야 쫄깃쫄깃한 맛이 나서 그러기도 하려니와 뜨거운 채로
채반에 그냥 두면 쭈글쭈글해져 형태가 망가지므로 반드시 차게 식혀
초간장을 찍어 먹는다.

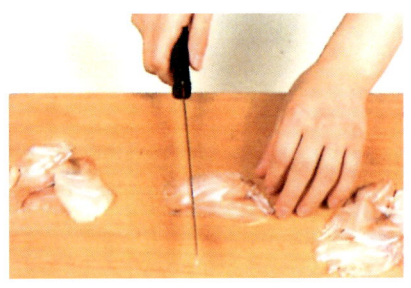

껍질을 벗겨내고 흰살만 남은 민어를 얇게 포를 떠서 적당한 크기로 잘라 간을 한다.

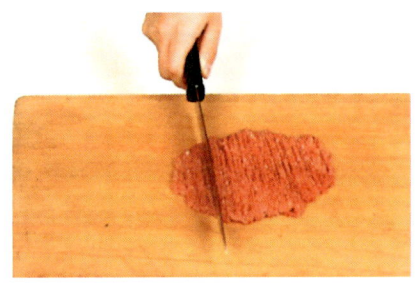

만두소를 준비한다. 살코기를 곱게 다져서 양념하고, 표고버섯도 다져서 양념을 해 둔다.

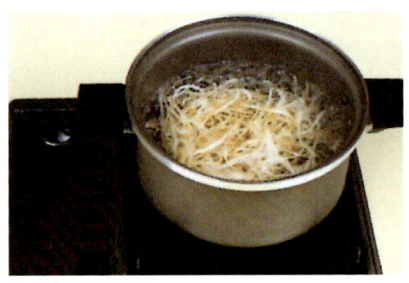

숙주나물을 끓는 물에 넣고 5, 6분쯤 데쳐 다지고, 두부도 다져 베 보자기에 싸서 물기를 짜낸다.

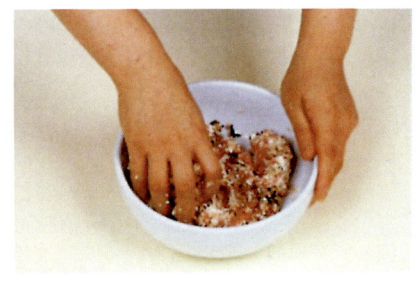

소로 쓸 재료를 모두 대접에 붓고 파와 마늘을 다져 넣어서 간을 맞춘 다음에 골고루 섞는다.

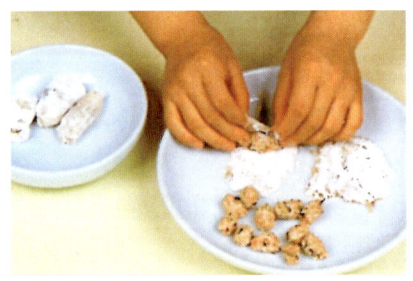

민어포를 펴 놓고 한쪽에 녹말가루를 듬뿍 묻힌 다음에 대추알만하게 빚은 소를 넣고 돌돌 돌 말아 다시 몸 전체에 녹말가루를 골고루 묻힌다.

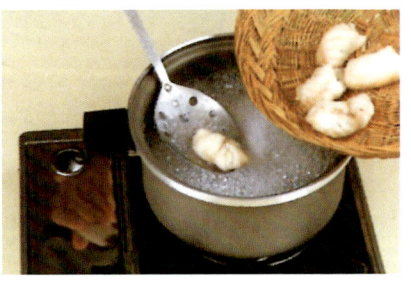

이렇게 빚은 만두를 펄펄 끓는 물에 삶는데, 냄비 바닥에 가라앉았던 만두가 위로 떠오르면 속까지 다 익은 것이니 채반에 건져서 바로 찬물에 담근다.

어만두는 이처럼 만들기에 자잘한 손이 많이 가는 음식이니 그냥 그
것만 접시에 담아 내어도 족히 추임을 받겠으나 보기 좋으라고 색스런
고명을 만두 위에 얹거나 옆에 곁들이는 수도 있다. 방신영 씨가 지은
『우리나라 음식 만드는 법』을 보면 석이버섯과 표고버섯, 당근, 국화 등
을 녹말가루 묻혀서 끓는 물에 데쳐, 또 달걀 지단을 부쳐 저마다 골패
쪽 모양으로 썰어 고명으로 곁들이라고 적혀 있다. 그러나 상차림이 요
란스러운 것을 그다지 좋아하지 않는다면 그 재료를 모두 쓰지는 않고
달걀노른자 지단과 참기름에 볶은 석이버섯을 채 쳐서 어만두 위에 살
짝 뿌려 깔끔한 멋을 내어도 좋겠다.

오이장김치

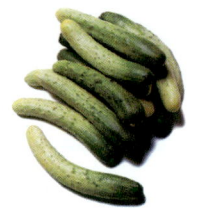

오이가 흔해져서 값이 내려가면 이것을 접으로 사다가 흔히 오이지를 담근다. 왜오이보다 훨씬 짧고 껍질이 부드러운 어린 조선오이를 깨끗이 씻어 항아리에 차곡차곡 담으면서 켜마다 소금을 보일락 말락 하게 흩뿌리고 다 담은 뒤에 맨 위에는 소금을 조금 나우 뿌려 돌로 눌러 놓고, 소금을 좀 세게 타서 펄펄 끓인 물을 식혀 부어 꼭 봉해 서늘한 곳에 두었다가 한 이레쯤 지나 익으면 먹는 오이지는 많은 한국인의 여름 밥상에 빠지지 않는 음식이다.

그러나 오이가 이처럼 흔해지기 전에는 보통 오이소박이를 담가 먹는다. 오이를 길게 토막 내어 가운데를 갈라 그 속에 소―집집마다 조금씩 다르겠으나 흔히 잘게 썬 부추, 고춧가루, 곱게 다진 파, 마늘을 멸치젓이나 소금으로 간을 하여 버무린 것―를 넣어 익혀 먹는 오이소박이는 오이지를 담가 먹기 전에 흔히 상에 오른다.

이런 오이지와 오이소박이의 튀기쯤 된다고 보이는 것으로 오이장김치가 있다. 소금물―간장이긴 하지만―에 절여 먹는 것이니 오이지와 같고, 소를 넣어 먹는 것이니 오이소박이와 비슷하다.

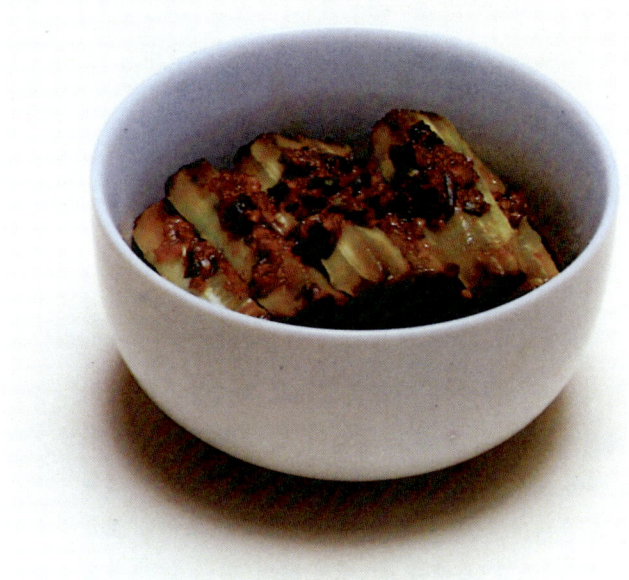

소금물에 절여 소를 넣어 먹는 오이장김치

　우선 오이가 열 개쯤이라면 진간장 반 되, 파 한 단, 마늘 너댓 쪽, 생강 큰 것으로 하나 그리고 고춧가루 반 종지쯤을 준비한다.

　먼저 어떤 것에는 꽃이 붙어 있기도 할 만큼 애어린 오이를 박박 문지르듯이 깨끗이 씻어 물기를 빼놓는다. 그리고 오이의 양 꼭지를 잘라내 버리고 셋으로 토막을 낸다. 진간장을 좀 큰 그릇에 넣고 펄펄 끓이면서 그 토막 낸 오이를 얼른 담갔다 꺼내 식히기를 두어 번 되풀이한다.

　오이가 식은 뒤 항아리에 얼기설기 담아 놓고 거기에다 오이를 담가 꺼내고 식힌 간장을 붓고, 꼭꼭 다지고 무거운 돌로 눌러 둔다. 간장은 맨 위의 한 켜쯤이 간장에 잠기지 않을 만큼만 붓는다.

그렇게 두어도 이삼일이 지나면 오이에서 스며 나오는 물의 분량으로 물이 불어 꼭대기까지 완전히 잠긴다. 간장으로는 진간장을 사다가 바로 끓여 쓰기도 하지만 겨우내 먹고 남은 마늘장아찌를 담갔던 간장을 끓여 쓰면 더 달고 심심해서 좋다.

　한편으로 소를 만든다. 파, 마늘, 생강을 저마다 곱게 다져 고춧가루를 넣고 오이를 데쳤던 간장 국물로 촉촉하게 섞어 따로 익힌다. 이 소의 분량은 오이 열 개에 어른 주먹 크기만큼이면 넉넉하다.

　오이가 담긴 항아리를 서늘한 곳에 두어 사나흘이 지나면 오이에 알맞게 간이 배고 익어 먹을 수가 있다. 이것을 상에 올릴 때 오이를 꺼내어 세로로 넷으로 갈라 저마다 위에 마련해 두었던 소를 조금씩 얹어 그릇에 담아 자질자질하게 장을 부어 낸다.

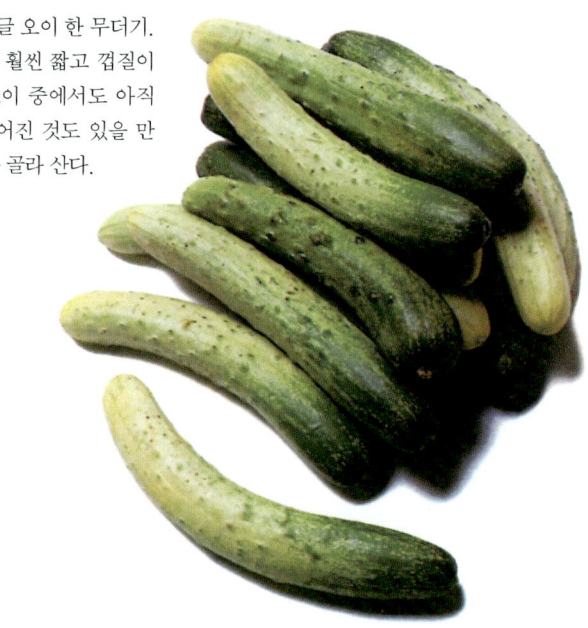

오이장김치를 담글 오이 한 무더기. 흔히 왜오이보다 훨씬 짧고 껍질이 부드러운 조선오이 중에서도 아직 마른 꽃이 덜 떨어진 것도 있을 만큼 애어린 오이를 골라 산다.

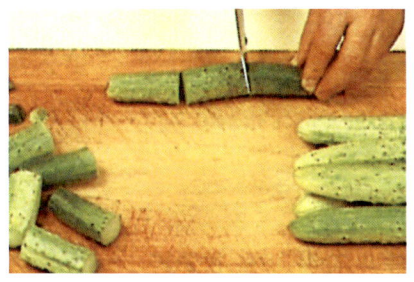

오이의 양 꼭지를 잘라 버리고 셋으로 토막을 낸다.

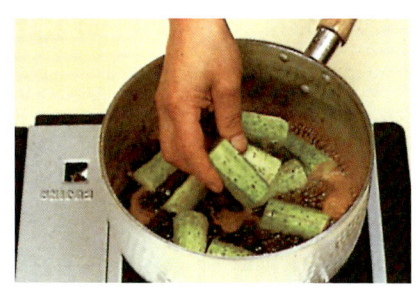

진간장을 좀 큰 그릇에 담고 펄펄 끓인다.

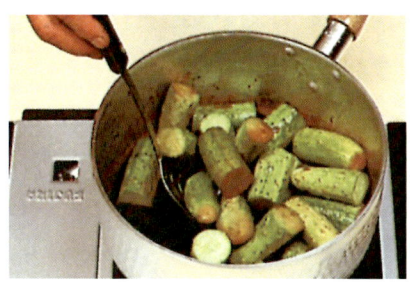

간장이 끓기 시작하면 토막 낸 오이를 얼른 담 갔다 꺼내어 식힌다.

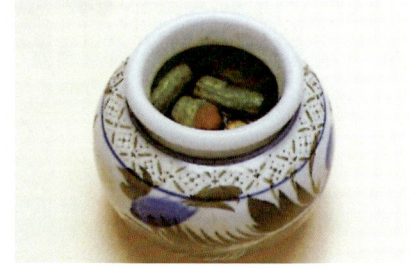

오이가 식으면 항아리에 담고 거기에다 끓인 간장을 식혀 붓는다.

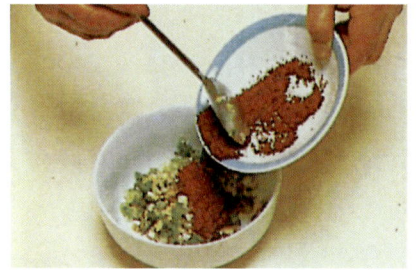

한편으로 소를 만든다. 곱게 다진 파, 마늘, 생 강과 고춧가루를 오이 데쳤던 간장 국물로 촉 촉하게 섞으면 소가 된다.

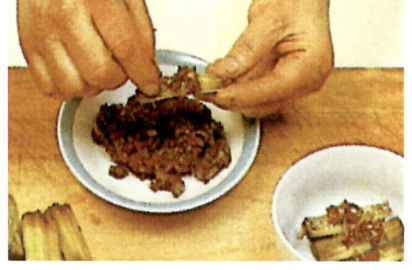

사나흘이 지나 오이가 익으면 넷으로 갈라서 따로 만들어 익힌 소를 얹어 상에 올린다.

옛날에는 이 오이장김치를 담글 때 오이소박이를 담글 때처럼 오이를 토막 내어 가운데 배를 갈라 그 속에다 소를 넣고, 한편으로 오이지를 담글 때처럼 간장을 두어 차례 끓여 부었으나 그렇게 하면 그 소가 삐져나와 국물이 지저분해지고 오이 또한 깔끔한 맛이 없어 보인다. 그러나 그런 볼품 때문이 아니더라도 미리 소를 넣어 두면 이 김치가 빨리 시어지니 좀 번거롭더라도 따로 두었다가 먹을 때마다 얹어 먹는 것이 오랫동안 맛있게 먹을 수 있는 비결이다. 그렇지만 아직도 그런 옛날 방법 그대로 담그는 집도 많다고 한다.

아무튼 이 오이장김치의 맛은 조금은 짭짤하고 조금은 달콤하면서 오이의 향이 거의 그대로 살아 있으며, 씹는 맛이 아삭아삭해서 입맛을 돌게 한다. 실제로 더위가 한창일 즈음에 딴 찬이 없어도 이것 한 가지만 있으면 찬밥을 물에 말아 한 그릇을 뚝딱 맛있게 먹어 치울 수가 있다.

애호박죽

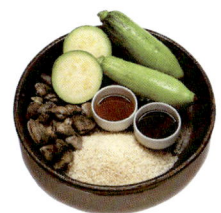

많은 죽에서 보기 좋고, 냄새 좋고, 맛 좋은 죽 하나가 애호박죽이다. 애호박죽은 그처럼 음식의 세 요소를 갖추었을 뿐만 아니라 재료도 싸고 쑤기도 쉬운 죽이다.

재료로는 너댓 명이 먹을 양이면 쌀이 한 컵 반, 애호박 어른 손바닥 길이만한 것 한 개, 그리고 바지락 200그램과 참기름, 조선간장만 있으면 된다.

호박을 살 적에는 될 수 있는 대로 갓 따서 윤이 자르르 흐르고 너무 굵지 않아 씨가 크지 않은 어린것으로 고른다. 한편 바지락은 요샌 흔히 껍질을 다 까서 포장하여 파니 반드시 포장지의 날짜를 확인하여 오래되지 않은 것으로 할 것이며, 포장이 안 된 경우에는 탄력이 있고 빛깔이 선명한 것을 고른다. 그리고 잔 것이 속의 검은 내장이 적어 깨끗하고 맛도 더 고소하니 참고할 일이다.

자, 이제 재료가 다 마련되었으니 죽을 쑤어 보자.

쌀은 깨끗이 씻어 첫물은 버리고, 쌀만 박박 으깨어 다음에 부은 물로 뜨물을 받아 둔다. 쌀이 한 컵 반이면 그 대여섯 곱절쯤 되는 여다 홉 컵 되게 뜨물을 받는다. 그리고 쌀은 불린다. 두어 시간 지나서 쌀이 다 불

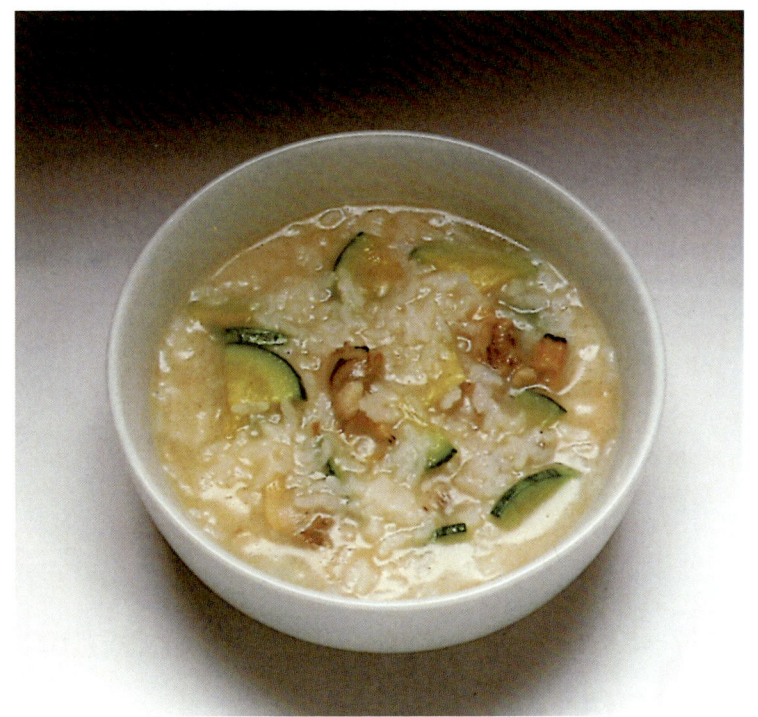

보기 좋고 냄새 좋고 맛 좋은 애호박죽

었다 싶으면 죽을 끓이기 시작한다.

먼저 소금물로 깨끗이 씻은 바지락을 참기름 큰 숟갈로 하나 넣고 달달 볶는다. 그러면 바지락에서 물이 나며 익으면서 오그라든다. 그럴 때 흔히 바지락을 다져 쓰는 수가 있는데 그러면 음식이 지저분해서 못 쓴다.

바지락에서 물이 자작하게 났을 때 불려서 체로 건진 쌀을 넣고 쌀이 노르스름해질 때까지 함께 볶는다. 다음에 준비해 둔 쌀뜨물을 붓고 저으면서 끓이기 시작하여 몽실몽실 방울이 떠오르면 뭉긋하게 불을 줄이고 쌀알이 확 퍼질 때까지 마냥 끓인다. 그럴 때 국물이 넘치지 않도록

애호박죽을 끓이려고 준비한 재료들. 애
호박은 갓 따서 윤이 흐르고 너무 굵지
않은 것이 좋고, 바지락은 큰 것보다는
잔 것이 더 깨끗하고 맛이 났다. 그 밖에
쌀과 조선간장, 참기름이 필요하다.

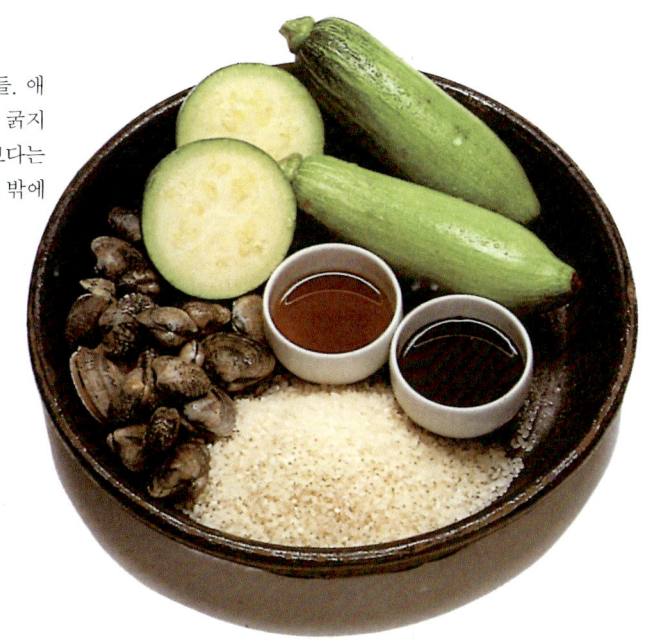

불 조절을 잘 해야 하고, 가끔씩 휘이 저어 주어 골고루 익고 맛도 고루
배게 한다.

얼추 다 익었으면 조선간장을 친다. 크게 한 숟갈이면 심심하게 간이
된다. 죽은 워낙 짜게 먹는 음식은 아니나 너무 싱거워도 맛이 안 나니
반드시 간을 한다. 한편으로 간을 해 둔 죽은 두었다가 먹으면 더 쉽게
퍼지니 나중에 먹을 때 저마다 간을 할 수도 있다.

다음에 미리 썰어 둔 애호박을 넣는다. 연초록색이 상큼한 애호박을
길게 십자가 모양으로 넷으로 쪼개고 두께가 1밀리미터가 좀 넘을 만큼
만 얇게 썰면 그 모양이 마치 은행잎 같다. 그런 호박이 살짝 익을 만큼
만 끓인다. 너무 익으면 호박 빛깔이 누렇게 변하고 모양도 흩어져 볼품
이 없어진다. 또 호박의 단맛이 좋다고 너무 많이 넣으면 들쩍지근해지
니 드문드문 보일 만큼만 넣는다.

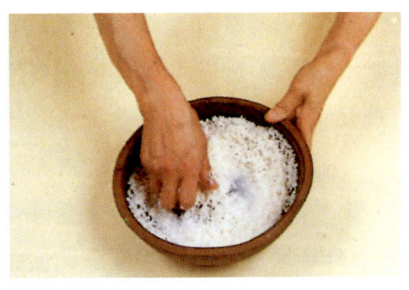 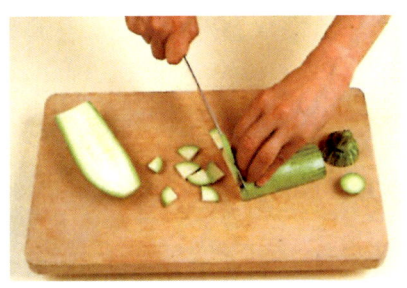

쌀을 깨끗이 씻어 뜨물을 받아 두고 쌀은 불려 둔다.

애호박은 길게 십자가 모양으로 넷으로 쪼개고 얇게 썬다.

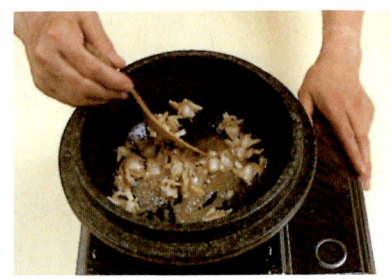

소금물로 깨끗이 씻은 바지락을 참기름 큰 한 숟갈 넣고 달달 볶는다.

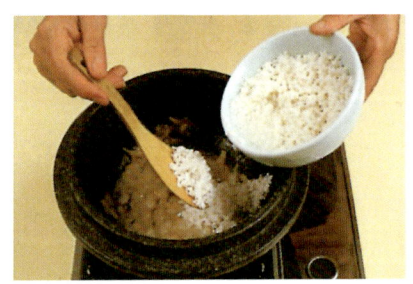 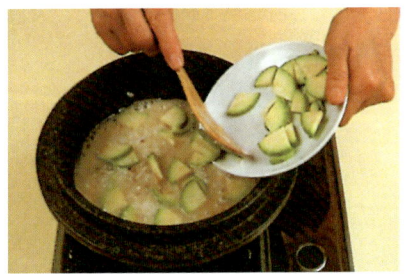

바지락에서 물이 자작하게 나면 불려서 체에 건진 쌀을 넣고 쌀이 노르스름해질 때까지 함께 볶는다. 그런 다음에 준비해 둔 쌀뜨물을 붓고 저으면서 끓인다.

쌀이 확 퍼지도록 끓인 다음에 조선간장으로 간을 심심하게 하고 미리 썰어 둔 애호박을 넣는다. 호박이 너무 익으면 빛깔이 누렇게 변하고 모양도 볼품이 없어지니 살짝 익을 만큼만 끓인다.

그렇게 끓인 죽을 하얀 그릇에 담으니 노란빛이 살짝 도는 쌀죽에 드문드문 박힌 바지락이며 애호박 껍질의 산뜻한 녹색이 입맛을 돋운다. 한 숟갈을 떠서 입에 넣어 보니 그 향이 약간 배틀하고 구수하여 입맛을 더욱더 당긴다.

죽상을 낼 때 곁들이는 찬이 몇 가지 있다. 이를테면 철 따라서 나박김치가 되기도 하고 열무물김치가 되기도 하나 어쨌든 국물이 흥건한 물김치가 반드시 따라 나온다. 그러나 거기에서 아무것도 미처 담가 두지 못했다면 오이지를 착착 썰어 풋고추를 띄운 얼음물에 담가 낸다.

그 밖에 명란의 껍질을 다 훑어내고 갖은양념하여 찐 명란찜이나 미역을 잘게 썰어 기름에 튀겨낸 미역자반, 또 멸치볶음이나 북어무침 들이 주로 함께 먹는 찬이다.

그런가 하면 죽은 아무 그릇에나 떠내지 않는다. 너무 큰 그릇에 담으면 지레 물리기 쉽고, 너무 작고 조붓한 그릇에 담으면 잘 식지 않아 먹기가 나쁘니 입이 적당히 벌어진 그릇에 담아 식혀 가면서 위에서부터 먹도록 한다.

넣는 재료에 따라 여러 가지 영양소를 갖추게 되는 것이 죽이다. 특히 입맛 없고 짜증나기 쉬운 한여름에 비타민 많은 애호박을 얄팍얄팍 썰어 넣고 산뜻한 죽을 끓여 식구들을 기쁘게 해봄이 좋지 않을까?

고사릿국

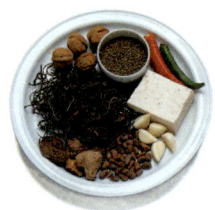

　요즈음에 특히 도시에 사는 현대인들은 건강함을 인생의 중요한 가치로 여긴다. 그래서 콜레스테롤이 많이 들어 있다거나 발암 물질이 들었다거나 하는 식품은 마치 그걸 먹으면 금세 병이라도 걸릴 듯이 여겨 먹기를 꺼리는 금기식이 되어 버리곤 한다. 옛날엔 잔치나 제사상에 반드시 올라 귀한 음식 대접을 받던 고사리가 바로 그런 식품에 든다.

　그렇다면 고사리를 많이 먹으면 정말로 암에 걸릴 확률이 높을까? 그 의문에 확답을 내려 줄 사람은 아무도 없다. 다만 사람에 따라서 의사들이 몸에 해롭다는 설탕, 화학조미료, 고사리 같은 산채, 고기 들을 평생 먹어도 아흔 살까지 병 없이 살 수도 있고, 몸에 이롭다는 음식만 골라 먹어도 서른 살에 병 걸려 죽을 수도 있으니 정말로 알 수 없는 일이다. 그렇지만 흔히 무병장수하는 할아버지, 할머니 들이 건강의 비결을 곧잘 "무엇이든지 가리지 않고 잘 먹고 잘 자는 것"이라고 말하는 걸 보면 오로지 식품에 든 성분으로 건강을 잴 수는 없다는 생각이 든다.

　고사리로 말하자면 예부터 잔칫상이나 제사상에 반드시 오르던 산채다. 산이 높고 깊은 데서 많이 나서 아마도 여느 나물보다 깨끗하고 신선

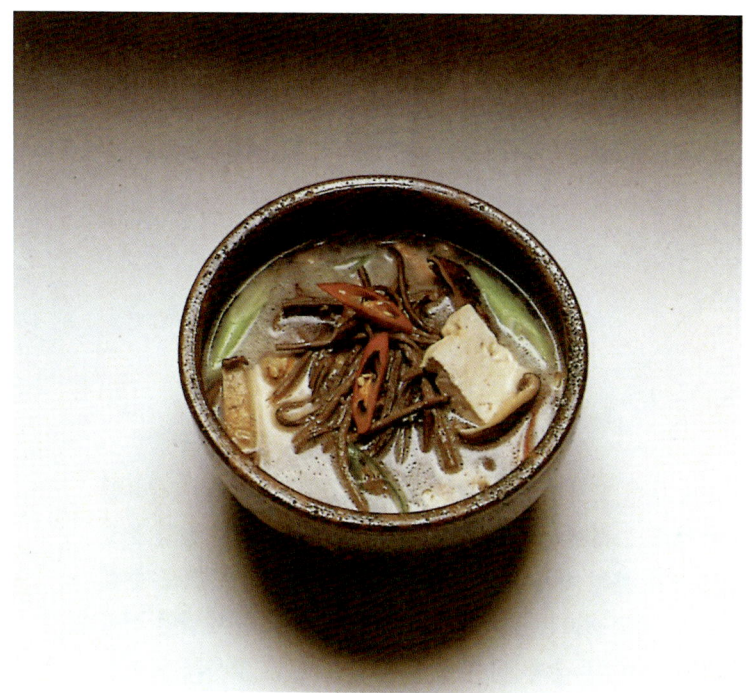

고향 냄새를 물씬 풍기는 뚝배기에 담긴 고사릿국. 들깨즙을 국물로 하여 맛이 구수하면서도 담백하다.

하다는 생각에서 귀하게 대접을 해왔는지도 모른다. 그래서 웬만큼 살림 규모가 번듯한 집에서는 오뉴월에 한 해 동안에 쓸 햇고사리를 사서 볕에 널어 말리는 일이 그달의 큰 행사였다. 그러던 고사리가 발암 물질이 들어 있다는 이유로 말미암아 점점 푸대접을 받고 있으니 딱하다.

고사리로는 흔히 나물을 해 먹지만 국을 끓이기도 한다. 또 때마침 5월에 맛이 좋은 조기찌개를 끓이는 데 집어넣으면 조기의 특유한 비린내를 감추어 주기도 한다. 육개장이나 닭개장, 빈자떡에도 고사리를 넣어 맛을 돋우기도 한다.

고사릿국에 들어가는 재료들은 일정하게 정해져 있지 않다. 같은 음식이라도 지방에 따라 또는 집안 풍습에 따라 조리하는 방법이 다른 것이 우리 음식의 특징임을 헤아리면 당연한 현상이다. 대체로 잘 마른 고사리와 두부, 표고버섯과 고명으로 쓸 잣, 호두, 붉은 고추, 풋고추들과 국물을 낼 들깨로 고사릿국을 끓인다.

먼저 고사리가 바싹 말라 있는 상태이므로 미리 물에 담가 충분히 불려야 한다. 보통 한나절을 넘게 불려야 하므로 오늘 쓸 예정이면 어제 저녁쯤에는 물에 담가 두어야 한다. 때로는 쌀뜨물에 담그기도 하는데, 쌀뜨물이 고사리의 아린 맛을 순하게 하는 구실을 한다고 해서 그리한다. 그렇지만 국을 끓이는 시기가 한여름이면 쌀뜨물은 맑은 물보다 쉬 상하므로 그냥 맑은 물을 사용하는 것이 좋겠다.

충분히 불어 아린 맛을 우려낸 고사리를 건져 팔팔 끓는 물에서 한 10분쯤 삶아 낸다. 전체가 고루 삶아지도록 이따금 나무젓가락으로 슬슬 뒤적거려 준다. 고사리가 다 삶아지면 바로 찬물에 담가 식혀야 물크러지지 않는다. (가장 손쉬운 국이랄 수 있는 콩나물국을 맛있게 끓이는 한 비결이 다름 아닌 한소끔 끓인 뒤에 뚜껑을 덮어 두지 않는 데 있듯이 모든 나물 종류는 익힌 뒤에 뚜껑을 열어 뜨거운 김을 빼거나 찬물에 담가 식혀야 씹는 느낌이나 맛이 좋다.) 고사리는 물기를 꾹 짜내어 도마에 놓고 먹기 좋은 길이, 곧 5센티미터쯤의 길이로 썬다.

이것을 냄비에 기름을 두르고 다진 마늘과 소금(또는 진간장)을 넣어 함께 볶는다. 여기에 기름을 두르는 까닭은 흔히 바싹 말린 나물을 불려 음식을 만들 적에 씹기가 뻣뻣하지 않고 부드러우라고 그런다. 그렇지만 국물 맛이 담백하기를 바라면 기름을 넣지 않아야 좋다. 때로는 고사리를 삶을 때 미리 기름을 치기도 한다. 웬만큼 볶다가 물(또는 뜨물이나 육수)을 조금 부어 한소끔 끓인다.

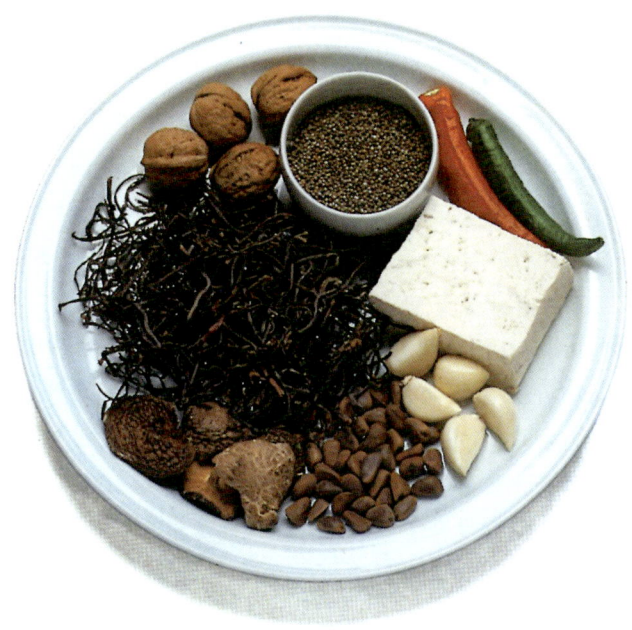

고사릿국을 끓이려고 준비한 재료들. 곧 바싹 마른 고사리와 표고버
섯, 두부, 잣, 호두, 붉은 고추, 풋고추들과 국물을 낼 들깨를 준비한다.

들깨즙은 미리 내두어야 한다. 들깨를 필요한 양만큼 잘 씻어서 쌀 일
듯이 일어 잡티를 골라내고 맷돌이나 믹서에 물을 붓고 국물을 만들 것
이므로 되도록 곱게 간다. 이것을 베 보자기에 싸서 한약 달여 짜듯이
꾹꾹 짜서 즙을 낸다. 베 보자기에 남은 찌꺼기에 물을 조금 더 타서 뒤
섞은 다음에 이것을 다시 꾹 짜기를 여러 번 되풀이하여 들깨즙을 많이
낼수록 좋다. 그래야 국물이 고소하다.

참고로 말하자면, 흔히 절에서 스님들이 먹는 음식에는 이처럼 들깨
를 양념으로 써서 맛을 내는 수가 많다고 한다. 이는 들깨가 필수지방
산 덩어리라고 할 만큼 사람에 이로운 영양가가 많아서 육식을 하지 않
아서 빚어질 수 있는 영양의 불균형을 막아 주는 구실을 하기 때문이다.
우리가 그냥 된장이나 고추장 풀어 맑게 끓여 먹는 버섯국이나 나물국,

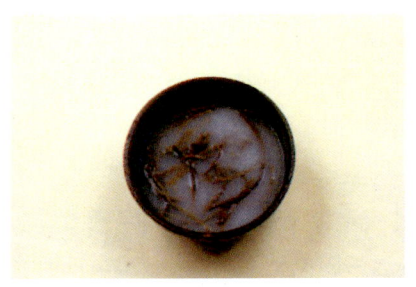 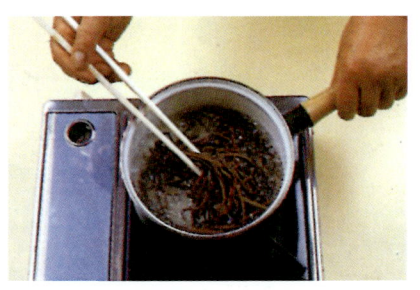

바싹 마른 고사리를 한나절은 물에 불려야 줄기가 야들야들해진다.

고사리를 팔팔 끓는 물에서 한 10분쯤 삶아 낸다. 슬슬 뒤적거려 준다.

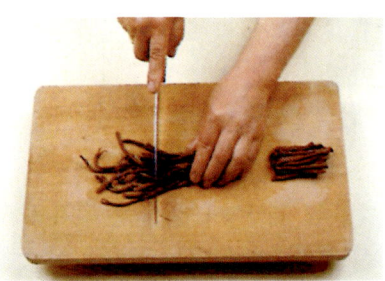

고사리를 먹기 좋은 길이로 썰어 웬만큼 볶다가 물을 조금 부어 한소끔 끓인다.

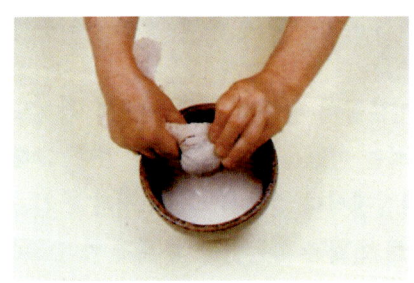 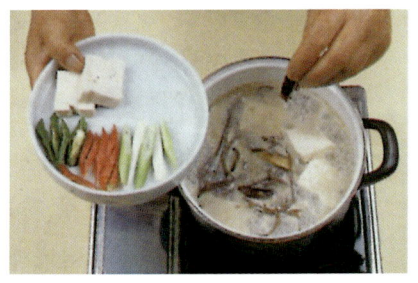

들깨즙은 미리 내어 둔다. 들깨를 잘 씻어서 쌀 일듯이 일어 잡티를 골라내고, 맷돌이나 믹서에 물을 붓고 되도록 곱게 간다. 이것을 베 보자기에 싸서 한약 달여 짜듯이 꾹꾹 짜서 즙을 낸다.

고사리에 들깨즙을 넣어 한바탕 끓인다. 굵게 채 썬 표고버섯과 큼직하게 썬 두부에 밑간을 슬쩍 해 두었다가 들깨즙을 넣은 국물이 끓거든 집어넣어 끓인다. 풋고추와 붉은 고추도 집어넣는다.

두부찌개 같은 데도 절에서는 들깨즙을 넣어 영양과 함께 구수한 맛을 살리곤 한다. 그뿐만이 아니라 들깨즙을 장국으로 하여 거기에 국수를 말아 먹기도 하고, 들깻잎으로 장아찌를 담가 먹기도 한다.

앞에서 한소끔 끓인 고사리에 들깨즙을 넣어 한바탕 끓인다. 이때 불을 싸게 하면 공들여 낸 들깨즙 국물이 냄비 밖으로 넘어 버려 들깨 맛이 제대로 나지 않으니 조심한다. 굵게 채 썬 표고버섯과 큼직하게 썬 두부에 밑간을 슬쩍 해 두었다가 들깨즙을 넣은 국물이 끓거든 집어넣어 끓인다. 불에서 내리기 전에 풋고추와 붉은 고추를 어슷썰어 집어넣어 맛과 향을 돋운다. 고명으로 호두와 잣을 얹어도 좋다.

이렇게 말고도 고사릿국을 달리 끓여 먹기도 한다. 곧 위와 같은 방법대로 하되 들깨즙을 넣지 않기도 하고, 햇고사리를 써서 된장을 묽게 풀고 잘게 썬 쇠고기 또는 멸치를 넣거나 말거나 하여 끓이기도 하고, 여기에 들깨즙이 아닌 찹쌀가루를 조금 넣어 국물을 살풋 걸죽하게 만들기도 한다. 이런 여러 가지 방법이 있으나 산나물과 어울리는 양념으로는 역시 들깨즙이 맛으로 보나 영양으로 보나 으뜸이랄 수 있다.

아직은 나이 든 어른들이 생존해 있는 덕으로 고사리가 적어도 제사상에라도 오르기는 하나 먹는 이들은 현저히 줄어들었다. 그래서 산채를 전문으로 파는 음식점에서나 절에서조차 고사리 반찬은 푸대접을 받거나 아예 상에 오르지 않는 형편이다. 추세가 이러하니 열 해나 스무 해쯤 뒤엔 어쩌면 발암 식품이라는 불명예스런 꼬리표를 단 고사리가 그 독특한 맛이 잊혀진 채 밥상에서 완전히 사라지지 않을까 걱정된다.

죽순채

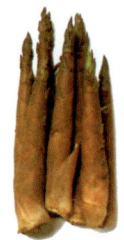

죽순에는 크게 세 가지, 곧 맹종죽과 분죽과 왕죽의 죽순이 있으니, 저마다 생김새며 나오는 시기며 맛이 다르다. 먼저 4월 중순부터 한 달쯤 나오는 맹종죽은 일본 사람들이 이 땅에 들여온 것으로, 위가 뾰족하고 아래로 갈수록 넓은 고깔 모양을 하고 있다. 겉껍질이 짙은 밤색을 띠었고, 껍질을 벗기면 나 있는 마디 간격이 짤막짤막하다. 셋 중에서 몸집은 가장 크나 맛은 가장 덜하고 아린 맛이 강해서 반드시 삶아서 물에 담갔다가 써야 하는데, 흔히 통조림 죽순을 만드는 데 쓰인다. 한편으로 5월 초순부터 한 달쯤 나오는 분죽은 셋 중에서 가장 맛이 좋은 재래죽이다. 맹종죽에 견주어 고깔 모양이 기름하고 겉껍질이 노르스름한 밤색을 띠며, 껍질을 벗긴 속 마디의 간격이 길다. 또 6월 한 달 동안에 나오는 왕죽—이것도 재래종이며 '왕대' 또는 '참대'라고 한다.—은 생김새가 위가 뾰족하지 않고 위아래의 지름이 거의 차이가 없이 길쭉하다. 겉껍질은 노르스름한 바탕에 살짝 검은빛이 비치며 속 마디 간격이 또한 길다. 분죽과 마찬가지로 아린 맛이 세지 않아서 삶은 뒤에 굳이 물에 담그지 않아도 괜찮다.

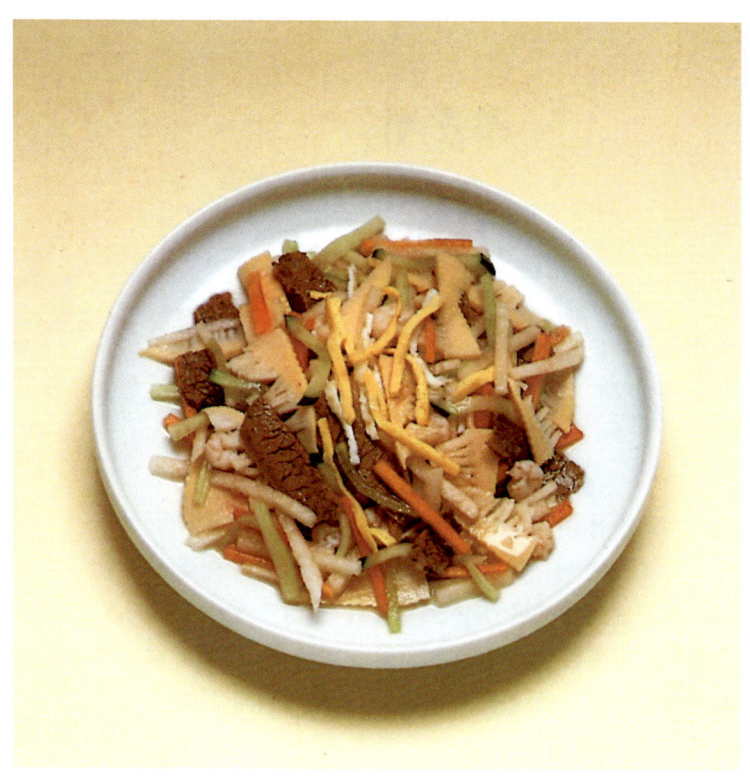

편육과 새우와 죽순이 어우러져 시원하게 먹음직한 죽순채

　서울의 경동시장 같은 데서 파는 죽순은 흔히 몸집이 큰 것이기 쉽다. (죽순이 무거울수록 값이 나가는 까닭에 크고 긴 것을 좋다고 권하는 수가 많다.) 그러나 죽순은 클수록 쇠어서 맛이 질긴 것이니 맹종죽은 키가 20센티미터, 분죽은 30센티미터쯤, 왕숙은 35센티미터쯤이 넘지 않아야 맛이 좋은 것이다. 또 겉껍질이 노르스름한 빛깔에 가까울수록, 만져 보아 말랑말랑한 느낌이 들수록 연하고 부드러운 맛을 지니고 있다.

　이 죽순으로 해 먹을 수 있는 음식이야 국, 죽, 찜, 채, 정과 들로 여러

가지가 있겠으나 첫 더위가 시작되는 6월에 시원하게 먹음직한 죽순채를 만들어 보아도 좋다.

죽순채를 만들려면 우선 죽순이 서너 개, 쇠고기 양지머리나 업진살로 200그램쯤, 분홍 새우 열 마리(대하를 쓰면 더 좋다.), 오이와 당근이 한 개, 배가 반 개, 그리고 달걀이 필요하다.

먼저 죽순에 묻은 흙을 솔로 털어내고 껍질을 벗긴다. 고깔처럼 생긴 죽순의 위쪽 3분의 1을 칼로 싹둑 자르면서 뒤로 제치면 껍질 여러 겹이 한꺼번에 벗겨진다. 다시 손으로 죽순의 아래쪽 겉껍질을 웬만큼 벗겨내고 삶는다.

죽순을 삶는 방법은 이렇다. 솥에 물을 넉넉하게 부어서 센불에서 20분을 끓인 다음에 불을 줄여 또 이삼십 분쯤 부글부글 끓인다. 옥수수 찔 때처럼 달짝지근한 냄새가 나면 불을 끄고 뚜껑을 덮은 채로 한 시간쯤 두면서 뜸도 들이고 또 뜨거운 기를 식힌다.

손으로 만져도 될 만큼 식으면 찬물에 담가서 알맹이가 부드럽고 노르스름한 빛깔을 띠며 속 마디 간격이 가지런해질 때까지 질긴 속껍질을 벗겨낸다. 그런 다음에 찬물에 담가 둔다. 삶은 죽순을―특히 맹종죽의 경우에―곧바로 쓰면 죽순에 특유한 '독기'가 있어 구역질이 날 수도

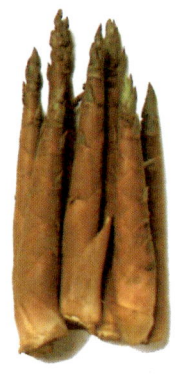

분죽의 죽순. 5월 초순부터 한 달쯤 나오는 분죽은 가장 맛이 좋은 재래죽이다. 맹종죽에 견주어 고깔 모양이 좀 기름하고 겉껍질이 노르스름한 밤색을 띠며 속 마디의 간격이 같다.

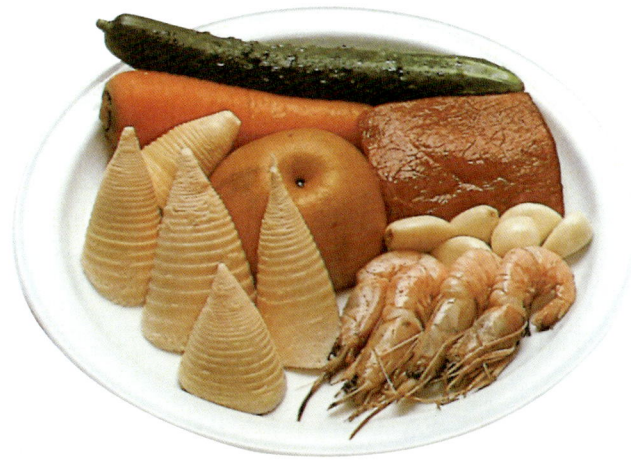

죽순채에 쓰일 재료들. 죽순이 서너 개, 쇠고기와 새우가 200그램쯤, 배가
반 개, 오이와 당근이 한 개, 그리고 지단을 부칠 달걀이 한 알 필요하다.

있으므로 적어도 서너 시간(보통 하루쯤)은 물에 담가 독기를 우려내고
써야 한다. (담양이 고향인 어느 부인은 죽순을 삶기 전에 껍질을 벗겨 확돌로
두드려서 물에 담가 아린 맛을 빼서 썼다고 한다.)

이제 죽순채에 곁들일 다른 재료들을 준비한다. 먼저 편육을 만든다.
(또는 고기를 가늘게 채를 썰어 갖은양념 넣고 볶아서 쓴다.) 편육은 소의 양
지머리나 업진살을 사서 나중에 썰었을 때 모양이 울퉁불퉁하지 않고
고르도록 무명실로 여러 번 동여매어 삶는다. 팔팔 끓는 물에 마늘 두어
쪽 넣고 소금으로 간을 하여 고기가 잘 무르도록 삶아―너무 삶으면 썰
수 없이 부서지고 덜 삶으면 고기가 질기다. 꼬챙이로 찔러 보아 피가
나오지 않아야 잘 익은 것이다.―고기를 건져 내어 차게 식힌다. 고기
삶은 국물은 식혀서 나중에 죽순채에 끼얹을 육수로 쓴다.

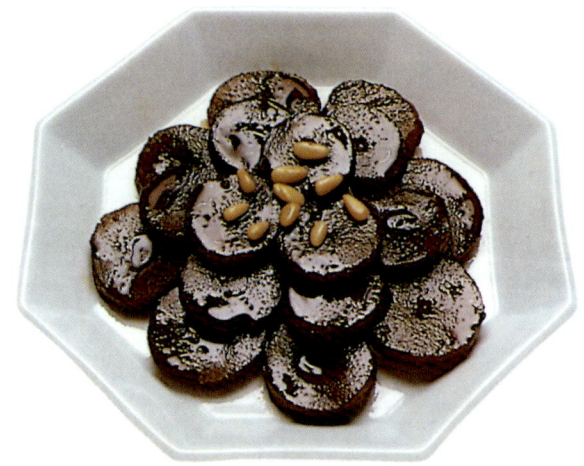

죽순 정과 한 접시. 단단한 죽순 밑쪽을 써서 식
혜 물로 조려 만든다.

그런 다음에 깨끗이 손질한 새우를 볶는다. 프라이팬이 달구어지면
참기름을 살짝 두르고 소금과 후춧가루를 뿌려 여린 불에서 슬쩍 볶아
낸다. 새우는 살이 연하니 자꾸 뒤적거리지 말고 나무 주걱으로 굴리듯
이 볶는다. 이때 새우 몸에서 나오는 국물 또한 두었다가 나중에 육수로
쓴다.

편육과 새우가 식을 동안에 오이와 당근과 배를 썬다. 오이와 당근과
배는 죽순 길이에 맞추어 잘라―손가락 세 마디만하게―가늘게 채를 썬
다. 죽순은 단단한 밑쪽을 잘라내고―이것은 죽순 정과를 만드는 데 쓴
다.―부드러운 위쪽을 반으로 가른 다음에 얄팍얄팍하게 썬다.

재료가 모두 준비되거든 바닥이 조금 우묵한 접시에 버무려 담는다.
새우 볶은 물에 편육 삶아 낸 물을 섞어 식초와 조청을 적당히 타서 위
에 끼얹어 시고 달콤한 맛을 낸다.

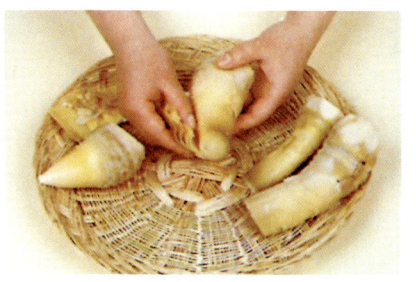

겉껍질을 벗겨서 삶은 죽순이 식으면 질긴 속껍질을 벗겨낸다.

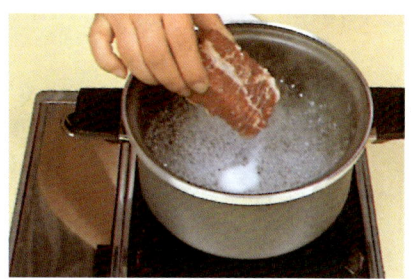

편육을 만드는데 고기를 무명실로 여러 번 동여매어 삶는다.

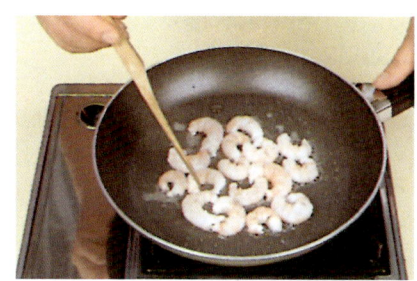

프라이팬에 참기름을 살짝 두르고 소금과 후춧가루를 뿌려 여린 불에서 슬쩍 새우를 볶아낸다.

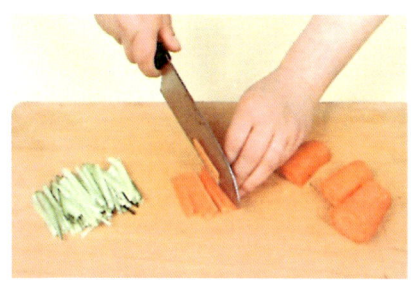

오이와 당근과 배를 죽순 길이에 맞추어 잘라 가늘게 채 썬다.

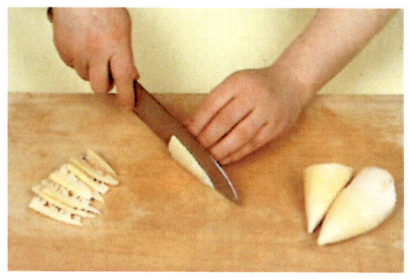

죽순을 부드러운 위쪽을 반으로 가른 다음에 얄팍얄팍하게 썬다.

이 죽순채 위에 '죽역수'를 끼얹어 먹기도 한다. 죽역수는 곧 대나무 수액으로, 지름이 10센티미터쯤인 맹종죽 맨 밑 마디를 잘라 빈 대 구멍에 괴는 물을 이른다. 공기 중으로 습기가 발산되지 않는 밤부터 새벽까지에 특히 더 잘 괴어서 두 시간 만에 한 공기쯤 우러나온다. 빛깔이 희뿌연한 이 물은 대 특유한 냄새가 나며 차면서도 시고 단맛이 돈다.

한편으로 죽순으로 정과를 만들어 보아도 좋다. 죽순 정과는 시중에서 파는 물엿으로 조려 만들어도 되나 사실은 식혜 물로 해야 맛과 빛깔이 제대로 산다. 식혜 밥을 가라앉혀 맑게 갠 물을 얄팍하게 썬 죽순의 다섯 곱쯤 붓고 센불에 두어 끓이다가 거품이 올라오면 불을 줄여 자글자글 조린다. 국물이 바특하게 졸아들 때까지(두어 시간쯤) 조리되 위아래에 고루 맛과 빛깔이 배도록 몇 차례 숟가락으로 저어 준다. 죽순 정과는 반짝반짝 까맣게 윤이 나는 것이 절로 입안에 군침이 돌게 하니 밥반찬은 물론이고 아이들 간식거리로도 썩 훌륭하다.

또 죽순으로 술을 담가도 독특한 맛이 난다. 이때도 삶지 않은 날것을 껍질 벗겨내고 깨끗이 씻은 다음에 소쿠리에 받쳐 물기를 뺀다. 병에 죽순을 담고 술은 빈 틈새를 가득 채우는 정도로 붓는데, 도수가 높은 술을 쓰는 것이 좋아서, 이를테면 중국 사람들이 잘 먹는 '배갈'이 좋다. 담근 지 한 달이 지나고서부터 먹을 수 있으나 오래 둘수록 술맛이 더 난다.

술이 익으면 빛깔이 정종처럼 노르스름해지면서 병 주둥이에 하얗게 골마지 같은 것이 끼는데, 이것은 죽순에서 분비되는 진 같은 성분이므로 걷어내면 된다.

죽순이 나오는 때는 봄에 잠깐이니, 오래 두고 먹으려면 다음처럼 갈무리하는 법을 알아둠이 좋겠다. 곧 굴비 만들듯이 항아리 속에 속껍질을 벗기지 않은 삶은 죽순을 한 켜 깔고 소금 뿌리기를 되풀이하여 켜켜

이 쌓아서 맨 위에는 죽순 몸에서 물이 빠져나오도록 묵직한 돌로 눌러
준다. 그렇게 해서 뚜껑을 덮어 차고 습한 곳에 두되 꺼내 쓸 때는 다시
한번 삶아 속껍질을 벗겨내어 짠기를 빼서 쓴다.

또 한 방법으로는『규합총서』에도 나오듯이 도라지 말리듯이 하면 된
다. 곧 죽순을 삶아서 속껍질을 벗기고 물기를 뺀 다음에 썰어서 햇볕에
서 사나흘쯤 바싹 말린다. 쓸 때는 또한 다시 한 번 삶아서 쓰도록 한다.

부추 부침개

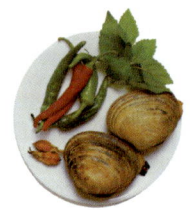

우리의 밥상에 흔히 오르는 부추는 염분과 칼슘이 꽤 많이 들어 있고 마늘 비슷한 특유한 냄새가 난다. 따라서 그런 부추로 만든 음식을 싫어하는 이도 없지 않다. 그러나 여름에 출출할 때 노는 날 애들에게 먹일 간식으로, 그리고 느닷없이 들이닥친 손님에게 술상이라도 차려내야 할 때 가장 손쉽게 금방 만들 수 있으며, 볼품 있고 맛도 있는 음식으로 부추전을 꼽을 수 있다. 특히 경상도에서는 부추전을 '정구지 부치개'라고 하는데, 다른 지방의 그것과 다른 점은 흔히 소금으로 간을 하는 데 견주어 조선간장으로 간을 하는 데 있다.

부추 부침개를 부치려면 부추와 방앗잎, 풋고추, 빨간 고추, 치자, 조개 들이 필요하다.

먼저 부추를 깨끗이 다듬어 씻어 조선간장으로 숨을 죽여 뻐센기를 없앤다. 부추가 다 잠기게 간장을 부었다가는 짜기가 십상인 만큼 우묵한 그릇 바닥에 간장을 조금 붓고 가끔씩 들추어 가며 골고루 숨이 죽도록 한다. 그러는 동안에 부추에서는 제물이 나온다. 치자는 하나 껍질을 까서 속의 씨를 작은 종지에 넣고 더운물을 부어 색을 우린다.

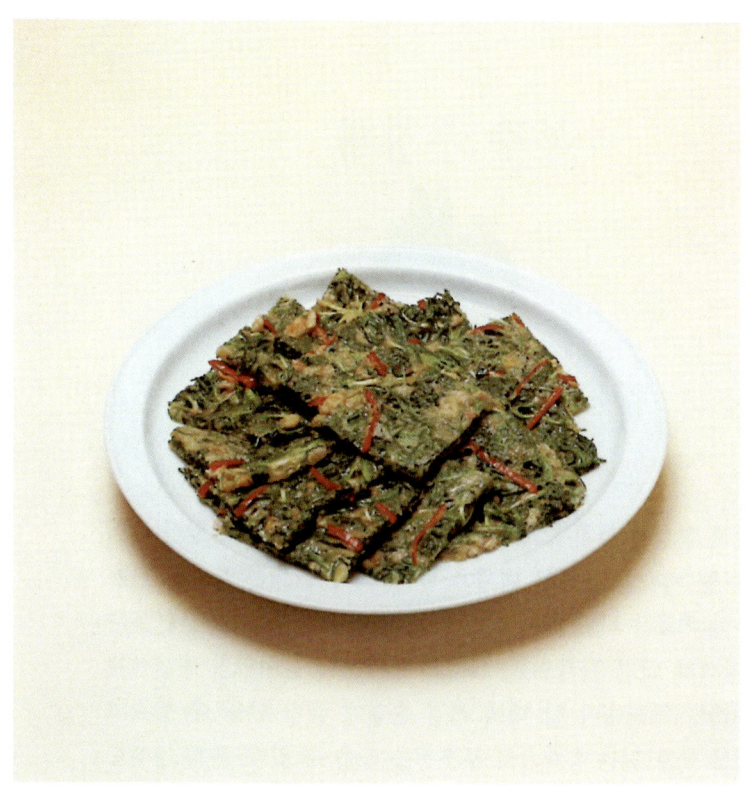

손으로라도 얼른 집어 먹고 싶은 먹음직스러운 '정구지 부치개' 한 접시

　풋고추 대여섯 개는 곱게 채 치고 빨간 고추 두어 개는 굵게 채 쳐 놓고, 조개는—식구끼리 먹을 때는 보통 작은 바지락을 쓰지만 손님상에 올릴 양이면 조개 맛이 더 짙은 대합을 쓴다.—곱게 다져 놓는다.

　또 빠지지 않는 것으로 방아의 연한 잎을 듬뿍 씻어 곱게 채 친다. 다른 지방 사람들에게는 별로 알려지지 않은 이 방앗잎은 그 향이 화한 것이 독특하여 경상도 사람, 특히 진주·마산·충무 사람들이 즐기는 향료로서 이런 부침개뿐만이 아니라 된장찌개나 찜, 추어탕 그리고 장어국

에도 빠뜨리지 않고 넣는다. 그래서 서울에 와 살고 있는 그 사람들은 이것을 시장에서는 구할 수 없어 마당에 심어 두고 서로 나누어 먹기도 한다.

이렇게 모든 재료가 다 손질되면 부추를 건져 따로 두고 우러난 부추 물과 조선간장, 그리고 치자 물을 알맞게 섞어 거기에 밀가루를 진한 물 만큼 되게 갠다. 그리하여 이것은 여러 가지 재료를 섞을 때 '풀' 구실만 할 뿐이지 이것이 너무 묽고 양이 많으면 부침개가 밀떡처럼 되어 맛이 밋밋해진다. 개어진 밀가루에 준비된 재료를 쏟아붓고 손으로 주물주 물 섞는다. 그러고는 번철을 뜨겁게 달구어 콩기름 같은 식물성 기름을 나우 두르고 손으로 한 덩이 덜어 손가락으로 도톰하고 너부죽하게 편 다. 흔히 국자로 덜어다 국자 뒤로 꾹꾹 눌러 가며 피는 것보다는 이처 럼 손으로 하는 편이 손에 밴 경험으로 가늠할 수 있어 고르게, 알맞게 만들 수 있어서 좋다. 그리고 그 위에다 굵게 썰어 둔 빨간 고추를 모양 새 좋게 얹는다.

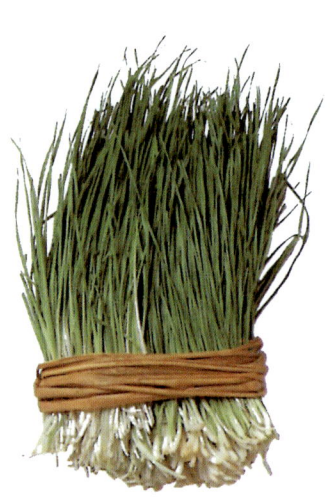

부추 한단. 여름 채소시장에는 이런 부추 단도 수북이 쌓여 있 다. 그것들은 빛에 그을리고 신 선한 공기를 마시며 자란 '진짜' 여서 그 향이 더 짙다.

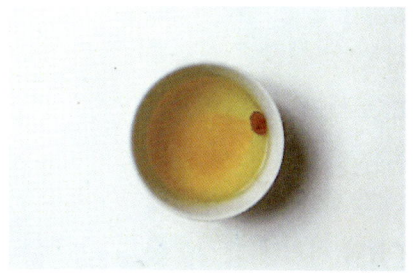

치자 한 개 껍질을 까서 속의 씨를 미지근한 물에 담가 색을 우린다.

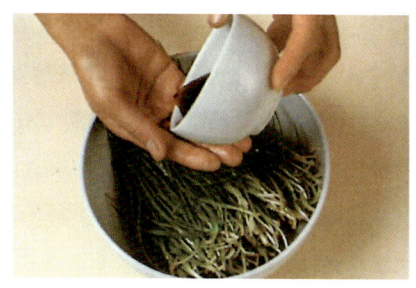

흙을 털어내고 잘 다듬은 부추를 깨끗이 씻어 조선간장을 자작자작하게 붓는다.

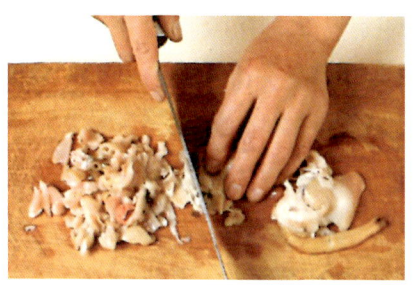

대합의 조갯살을 잘게 썰어 곱게 다진다.

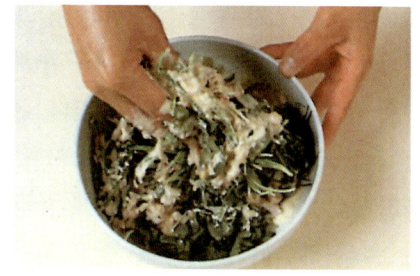

물과 간장, 노란 치자 물을 알맞게 섞어 갠 밀가루에 재료들을 뒤섞는다.

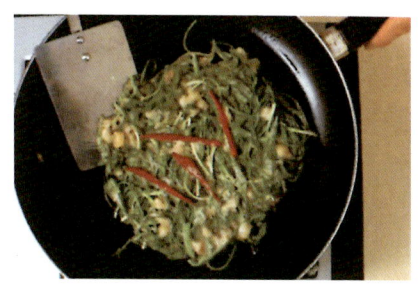

부침개를 부칠 때는 중간쯤 되는 불에다 천천히 익혀야 한다. 그리고 기름을 나우 두르고 부쳐야 하는데, 그래도 중간에 기름을 더 부어야 하겠으면 번철 가장자리에 기름을 두른다.

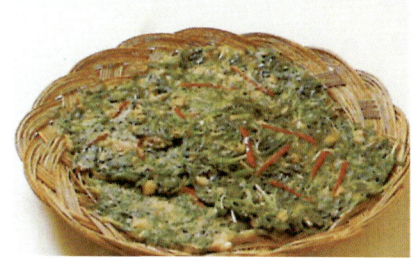

다 된 부침개는 채반에 꺼내 놓고 식힌다. 이런 싸리로 만든 채반은 기름기를 빨아들이므로 부침개를 담기에 좋다.

이처럼 부침개를 부칠 때는 불이 너무 세면 겉은 타고 속은 설기 쉬우니 중간쯤 되는 불에다가 천천히 익혀야 한다. 그리고 중간에 기름을 더 부어야 할 때는 번철 가장자리에 기름을 둘러야 하는데, 차가운 기름이 부침개와 바로 만나면 그 기름이 음식에 스며들어 맛이 떨어지기 때문이다.

한쪽이 다 익었을 성싶으면 뒤집어서 조금 더 익힌 뒤에 채반에 꺼내 식혀서 너울거리는 가장자리는 도려내고 먹기 좋은 크기로 반듯하게 썬다. 아닌 게 아니라 출출할 때 충분히 요기가 되는 이 '정구지 부치개'는 부추의 향뿐만이 아니라 방아향으로 마냥 먹어도 싫증이 나지 않는 토속 음식이다.

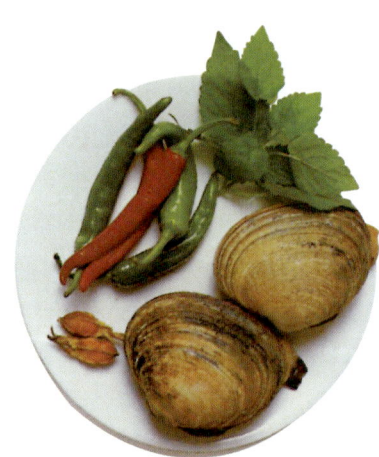

'정구지 부치개'에 들어가는 재료인 풋고추와 빨간 고추, 대합, 그리고 노란 물을 우려낼 치자. 빨간 고추는 맛을 내기보다는 굵게 채 쳐 두었다가 맨 나중에 부침개를 부칠 때 모양새 좋게 웃고명으로 박는다.

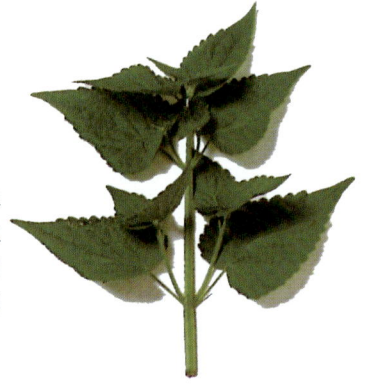

연한 잎이 붙어 있는 방아 줄기. 씹으면 그 향이 화하여 경상도 사람들이 즐겨 향료로 사용하는 것이니 부침개뿐만 아니라 된장찌개나 찜, 추어탕 그리고 장어국에도 빠뜨리지 않고 넣는다.

쌈과 쌈장

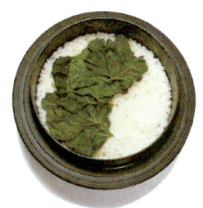

　쌈은 국, 찌개, 김치와 함께 한국 음식을 상징하는 음식이다. 땅에서 나는 채소로 잎이 좀 크다 싶으면 모두 쌈을 싸서 먹는데, 이를테면 흔히 먹는 상추뿐만 아니라 깻잎·쑥갓·호박잎·배춧잎은 말할 것도 없고, 곰취(시장에서 파는 '취'와는 생김새가 조금 달라서 잎 가장자리에 톱니가 나 있다. 주로 오대산이나 용문산같이 깊은 산골에서 난다.)·미나리잎·머윗잎·산씀바귀·고춧잎·소루쟁이잎·아주까리잎·콩잎·우엉잎·참나물·가을갓 들로 쌈을 싸 먹기도 한다. 또 지방에 따라서는 미역이나 다시마를 슬쩍 데쳐서도 쌈을 싸 먹는다.

　요새야 철 가리지 않고 온갖 채소가 쏟아져 나오지만 쌈 싸 먹는 채소에도 본디는 철이 있다.

　『동국세시기』를 보면 "정월 대보름날 나물 잎에 밥을 싸서 먹으니 이것을 복쌈이라고 한다."고 기록되어 있다. 여기서 말하는 복쌈이란, 김이나 데쳐서 말려 둔 취를 볶은 것을 말한다. 또 갈무리해 둔 아주까리잎도 볶아 이날 쌈을 싸 먹는다. 이제는 아주까리잎은 그 기름을 쓰는 이가 별로 없기 때문에 심는 집이 드물어 구하기가 어려워졌지만 대보

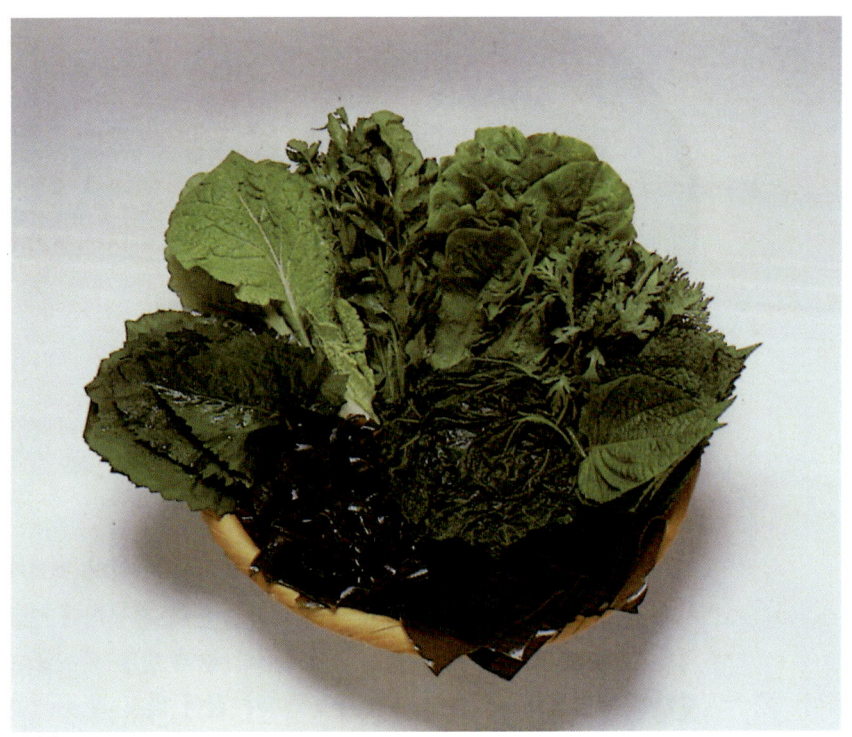

쌈 채소 아홉 가지. 날로 또는 슬쩍 데친 것을 한 잎 손바닥에 펴 놓고 짝 맞는 쌈장을 놓아 싸 먹으면 밥맛이 좋을 뿐더러 여름날의 무더위가 어느새 가신다.

름 같은 때 서울 경동 시장에 가면 어쩌다 파는 이를 만날 수도 있다. 말려 둔 아주까리잎을 물에 담갔다가 꼭 짠 다음 이것을 갖은양념을 한 다진 쇠고기를 넣고 볶아서 접시에 보기 좋게 한 잎씩 펴서 담는다. 별스런 향은 없으나 잎이 연하고 잎을 따라 나 있는 섬유질이 '쩔긋쩔긋하게' 씹힌다.

또 3월 초 초봄에는 겨우내 눈 맞고 눈 속에서 자라 들쩍지근한 맛이 나는 '봄동' 배추나 그 봄동 옆에 반드시 나기 마련인 키가 땅딸막하고

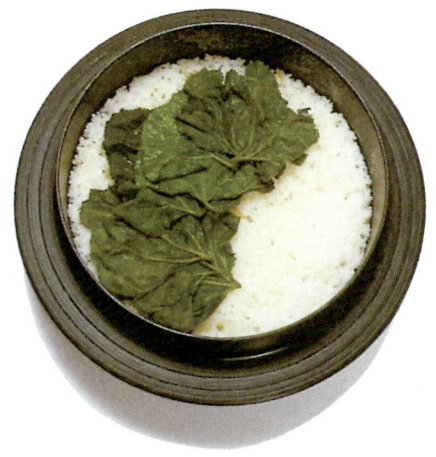

호박잎은 밥솥에서 쪄야 진짜 맛이 난다. 잘 씻어서 마른행주로 물기를 닦아내고, 줄기를 조금씩 꺾으면서 잡아당겨 잎에 있는 실을 벗겨낸다. 밥물이 폴폴폴 넘칠 때 밥 위에 바로 얹어 찌면 밥맛이 들어 더 맛이 좋아진다.

잎이 부드러운 시금치―봄동이나 시금치나 전라도 말로 '저실살이' 또는 '저우살이' 채소라고 한다.―잎은 익혀 먹기가 차마 아까울 만큼 날로 먹어도 단맛이 난다고 한다. 봄동이나 시금치를 물에 씻어 멸장 국물 또는 양념고추장 놓아 밥을 싸―또는 밥 없이 맨입으로―먹는다. 지금은 국이나 끓여 먹지 쌈 싸 먹는 이가 아주 드무나 쑥 나기 전에 나는 '소루쟁이'도 그 어린잎을 데쳐서 싸 먹었다고 한다.

월에서 6월까지는(길게는 7월까지) 쌈 채소가 가장 흔하게 나오는 달이다. 산과 들에서 나는 나물, 이를테면 취·머윗잎·미나리잎·상추·쑥갓·우엉잎·산씀바귀잎 들이 그즈음에 먹어야 맛이 부드러워 입안에서 살살 녹는다. 조금만 철이 늦으면, 특히 미나리잎이나 머윗잎, 취 들은 잎이 억세고 질겨져서 먹기도 사나울 뿐더러 맛도 나지 않는다.

8, 9월에는 고춧잎·깻잎·호박잎·콩잎 들을 먹어야 제대로 먹는 것이다. 이것들은 저마다 열매를 다 거둔 다음에나 먹어야지 그전에 먹으면 열매가 실하게 열리지 않을 뿐더러 제맛도 안 난다.

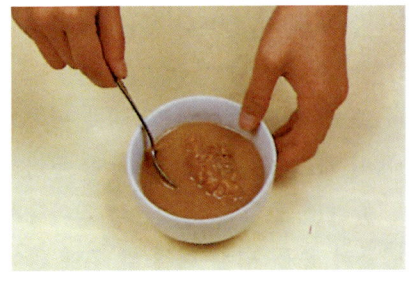

호박잎 쌈에 놓아 먹는 강된장은 된장에 물을 조금 타서 잘 이긴다.

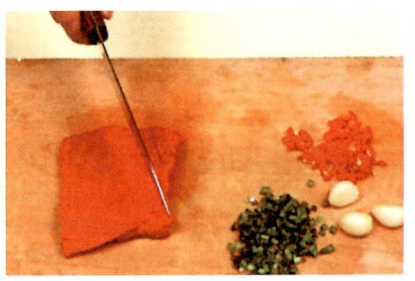

쇠고기를 곱게 다지고 풋고추와 붉은 고추, 파, 마늘, 생강을 썰거나 다진다.

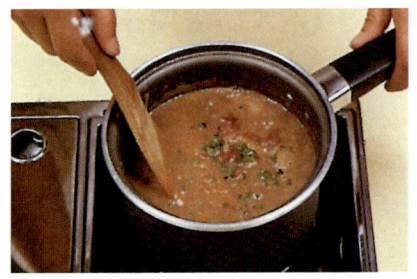

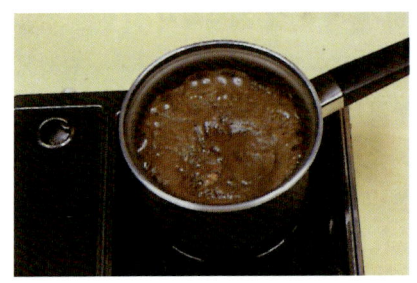

멸장 국물을 만드는 방법은 먼저 멸치젓을 냄비에 붓고 팔팔 끓인다. 그러면 멸치가 다 녹으면서 찐득찐득한 거품을 낸다.

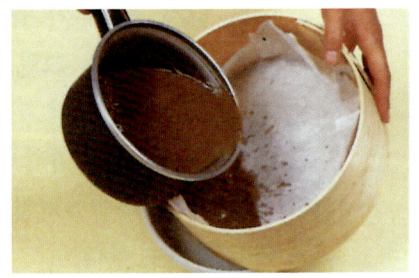

이것을 발이 고운 체에 받치는데, 체에 한지를 한 장 깔아 거르면 노르스름하고 맑은 국물이 똑똑 한 방울씩 떨어진다. 한지가 없으면 체에 베 보자기를 깔고 그 밑에 쌀겨를 한 켜 깔아 걸러도 된다.

호박잎 또한 요새는 초여름에 먹는 이들이 많으나 이는 잘 몰라서 그러는 것이다. 워낙은 처서(흔히 양력으로 8월 22일 무렵이다.)가 지나 찬바람이 불기 시작할 즈음, 곧 호박을 다 딴 뒤에 먹어야 잎이 부드럽다. 호박잎은 밥솥에서 쪄야 진짜 맛이 난다. 잘 씻어서 마른행주로 물기를 닦아내고, 줄기를 조금씩 꺾으면서 잡아당겨 잎에 있는 실을 벗겨내고서 밥물이 폴폴 넘칠 때 밥 위에 얹어 밥을 뜸들이면서 쪄낸다. 밥에 호박잎 물이 연녹색으로 드는데, 이것이 싫으면 겅그레나 그릇에 담아 밥 위에 놓아 쪄도 된다. 그러나 밥 위에 바로 놓아 밥맛까지 들게 쪄낸 호박잎이 더 맛이 좋다. 그리고 9, 10월 가을에는 갓(청갓)을 날로 멸장 국물을 놓아 먹는데, 톡 쏘는 맛이 아주 독해서 특별히 쌈을 좋아하는 이들이 잘 먹는다.

그런가 하면 바다가 가까운 곳에 사는 이들은 미역이나 다시마를 삶아 쌈 싸 먹기도 한다. 양식 미역보다는 돌미역, 곧 자연산 미역이 당연히 맛이 좋으니, 이를테면 양식 미역은 얼핏 보드라워 보이나 뻣뻣하여 가랑잎 같고 쓴맛이 나나, 돌미역은 그 반대로 뻣뻣해 보이나 보드랍고 달짝지근하니 단맛이 나며 독특한 바다 내음이 난다. 국을 끓이면 양식 미역은 검정에 가까운 빛깔을 띠나 돌미역은 파란 빛깔을 띠는 걸로 보아 알 수 있다. 이것을 말린 것이면 물에 담가 불렸다가 싹싹 비벼 빨아 미역 자체에서 나오는 진을 모조리 빼버린다. 그런 다음에 날로―또는 살짝 데쳐서―접시에 가지런히 펴 놓고 초고추장 놓고 쌈 싸 먹는다. 다시마 또한 그와 마찬가지로 하나 미역보다 좀 오래 데친다. 강원도 사람들은 '새먹'이라는 다시마처럼 생겼으나 구멍이 숭숭 뚫린 미역을 살짝 데쳐 먹기도 한다.

흔히 '쌈장' 하면 그저 고추장과 된장을 반씩 섞어 갖은양념을 한 장(여기서는 '양념고추장'으로 부르기로 한다.)을 떠올리기 쉽다. 그러나 채소

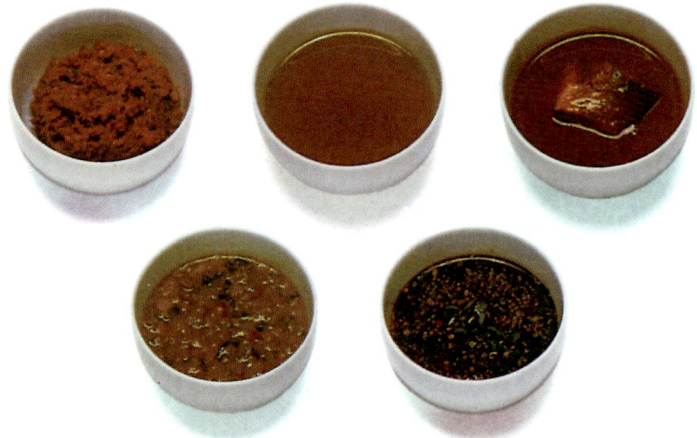

쌈장 다섯 가지 재료마다 지닌 색다른 맛을 살려 먹으려면 곁들이는 쌈장을 달리 쓸
줄도 알아야 한다. 이를테면 미역과 다시마 같은 해조류나 배춧잎, 가을에 나는 갓들
은 멸장 국물을, 호박잎은 강된장을 놓아 싸 먹어야 제맛 나게 먹는 것이다.

마다 지닌 색다른 맛을 살려 먹으려면 곁들이는 쌈장을 달리 쓸 줄도 알
아야 한다고 한다. 예컨대 미역과 다시마 같은 해조류나 배춧잎, 가을에
나는 갓들은 앞에 말했듯이 멸장 국물을 놓아 싸 먹고, 그 밖의 채소는
양념고추장이나 생선조림장을 놓아 먹기도 한다.

전라도에서 주로 미역이나 다시마에 놓아 먹는 멸장 국물은 다름 아
닌 멸치젓을 달여 체에 받친 것이다. 멸치젓을 냄비에 붓고 물을 팔팔
끓이면 멸치가 다 녹으면서 찐득찐득한 거품을 낸다. 그런 다음에 이것
을 체에 받치는데, 체에 한지를 깔아 거르면 노르스름하고 맑은 국물이
똑똑 한 방울씩 떨어진다. (한지 대신에 베 보자기를 깔고 베 보자기 밑에 쌀
겨를 한 켜 깔아 걸러도 국물이 맑게 나온다.) 이것을 식혀 두면 구태여 냉
장고에 넣지 않더라도 오래 보관할 수도 있으니, 흔히 배추겉절이 할 때

멸장 국물로 간을 맞추면 소금으로 맞출 때보다 젓국 맛이 배어 더 맛이 좋다. 그래서 배춧잎 쌈에 멸장 국물을 놓아 먹기도 하는지 모르겠다.

특히 서울 사람들이 잘 그렇지만 호박잎 쌈에 양념간장을 놓아 먹는 이들도 있다. 그러나 호박잎 쌈엔 그저 강된장이 제격이다. 강된장은 된장보다는 조금 묽고, 된장찌개보다는 조금 바특한 장이다. 풋고추와 붉은 고추를 쫑쫑 썰어 다진 쇠고기와 함께 된장에 섞어 물을 조금 붓고 자작자작 끓인다. 국물이 걸쭉하고 짭짤하며 맛이 구수하여 쌈장으로는 그만이다. 옛날에는 커다란 가마솥에 밥을 하면서 밥 위에 놓고 쪘으니 "강된장 찐다"고 했다. 이 강된장은 여름철에 배탈이 났거나 장염에 걸려 밥을 잘 못 먹을 때 숟가락을 적셔서 찍어 먹으면 속을 보해 주기도 한다고 한다.

한편으로 생선조림장이 있다. 비린내 안 나는 생선, 곧 광어나 조기·삼치·농어 같은 생선을 갖은양념한 고추장으로 조금 짜다 싶게 조리는데, 그 걸쭉한 국물을 쌈장으로 먹는 것이다.

부각

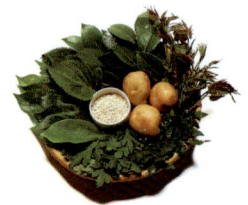

　도회지에 사는 사람이라면 누구나 하루 종일 시끄러운 자동차 소리와 온갖 잡다한 냄새에 시달리다가 문득 시골 냄새가 그리워지는 경험을 해 보았겠다. 그것은 아마도 만물을 소생하게 하는 땅의 냄새일 테고, 나아가 땅에서 자라는 것들이 풍기는 풋풋한 냄새일 터이다.

　그 그리움은 특히나 기름기 번지르르한 음식만 먹다가 땅맛 나는 나물을 대하면 갑작스레 밀려와 반가움으로 변하기도 한다. 땅이 지닌 기운이 사람의 병을 다스리기까지 한다고 하니 그 기운을 받고 자란 식물이야말로 그 어떤 영양제보다도 몸을 튼튼히 하는 약이 아닐 수 없겠다. 육식을 전혀 하지 않는 불제자들이 90넘게 무병장수하는 수가 흔한 것도 그 때문이 아닐까?

　절은 흔히 산속 깊은 곳에 있고, 그곳은 아직도 화학 비료나 살충제의 침입을 받지 않은 무공해 지대다. 그래서 절에서 먹는 음식은 여행에서처럼 갖은양념을 하지 않아도 맛이 좋다. 또 서울에서처럼 슈퍼마켓이나 시장에 가지 않더라도 지천에 널린 것이 반찬거리가 된다.

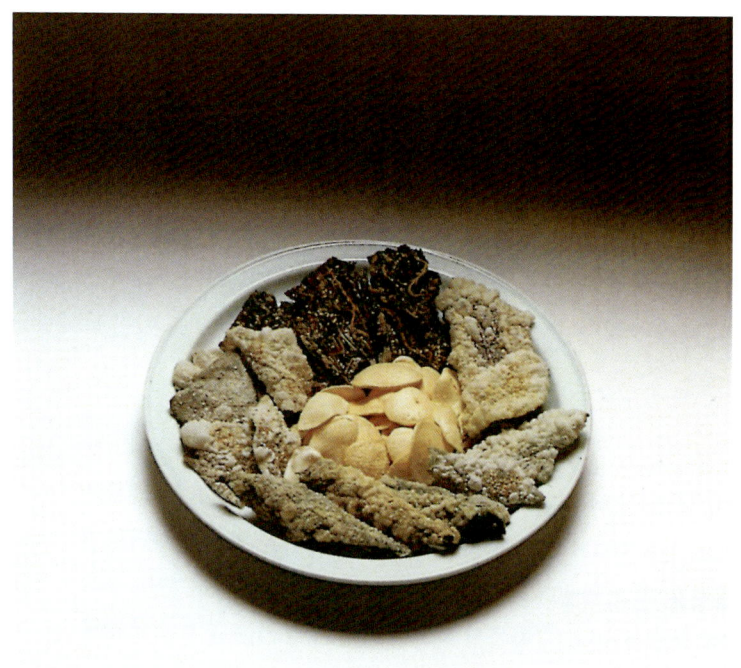

꽃처럼 하얗게 부풀어 오른 부각은 바삭바삭하여 맛있다.

서울 사람들은 기껏해야 김이나 다시마 갖고 해 먹는다고 알고 있는 부각 만들기를 경상남도 하동군 화개면 국사암에서 하는 방법대로 소개해 본다. 그 까닭은 무엇보다도 산과 들에 나는 독 없는 식물의 잎이면 무엇이거나 재료가 되는 부각을 기왕이면 오염되지 않은 땅에서 난 것으로 만들어 먹고 있는 데다가, 또 부각의 본산지가 바로 절이기도 하니 그도 뜻있는 일이라 하겠다.

부각은 여느 오가리처럼 푸른 채소를 얻기가 힘든 철에 먹으려고 만드는 갈무리 음식으로, 쉽게 말해서 재료가 되는 식물의 잎에 찹쌀 풀을 발라 바싹 말렸다가 기름에 튀긴 것이다. 찹쌀 풀을 바르는 점에서 튀각

과 구별되고, 재료 자체에 미리 양념을 하지 않는 점에서 자반과 구별된다. 흔히 장마철이 낀 6월 하지에서부터 8월 하순까지 동안에는 눅눅할까 봐 부각을 만들지 않는다고 알고 있다. 그렇지만 골이 깊어 식물이 자라는 시기가 도회지보다 보름에서 한 달 가까이 늦기 쉬운 지리산에서는 4월 초파일 무렵이 부각 만들기에 좋은 때라고 한다. 그 무렵이어야 암자 가까이에 자라나는 갖가지 식물들을 얻을 수 있기도 하다.

국사암에서는 해마다 초파일이 지나 조금 한갓지면 절 식구들이 모여 한 해 동안에 먹을 부각을 만들곤 한다. 재료는 따로 장을 보러 나갈 필요가 없이 절 언저리에 널려 있다. 막 밭에서 캐낸 하지감자를 비롯하여 가죽나무에서 세 번째로 올라온 순을 따고, 국화·감나무·초피나무·동백나무 들에서 새로 난 잎을 따고, 밭에서 깻잎을 뜯어 오면 그만이다.

가죽순은 남쪽 지방에서는 '가죽나무'로, 중부 이북 지방에서는 흔히 '참죽나무'로 부르는 나무의 어린잎을 가리킨다. 4월에서 6월까지에 걸쳐 붉은색 순이 세 번 돋아나는데, 그 순을 부각으로 만들기도 하고 데쳐서 된장과 고춧가루, 그 밖의 갖은양념을 넣어 무쳐 먹기도 한다. 어릴 적에 이 나물을 먹어 본 이들은 그 특별한 향을 잊지 못해한다.

동백잎은 6월 초에 새순이 돋아나고 그 순으로 부각을 해 먹기는 하나 잎이 훨씬 부드럽고 여린 산동백잎보다 드세어서 맛이 좀 떨어진다.

흔히 '제피나무'라고 부르는 초피나무는 몸속에 들어 있을지도 모를 디스토마와 같은 기생충을 없애는 데 특효약이 되고, 남부지방의 여염에서는 그 열매를 쌓아 가루를 내어 후춧가루 쓰듯이 미꾸라지국 같은 것의 비린 맛을 없앨 때 쓴다.

비타민C가 풍부한 감잎은 약재로도 쓰이고, 고혈압과 중풍 방지에 좋다고 한다.

부각을 만들 재료들. 밭에서 캔 하지 감자와 가죽나무순, 국화·감나무·초피나무·동백나무 잎들, 그리고 깻잎이 쓰인다.

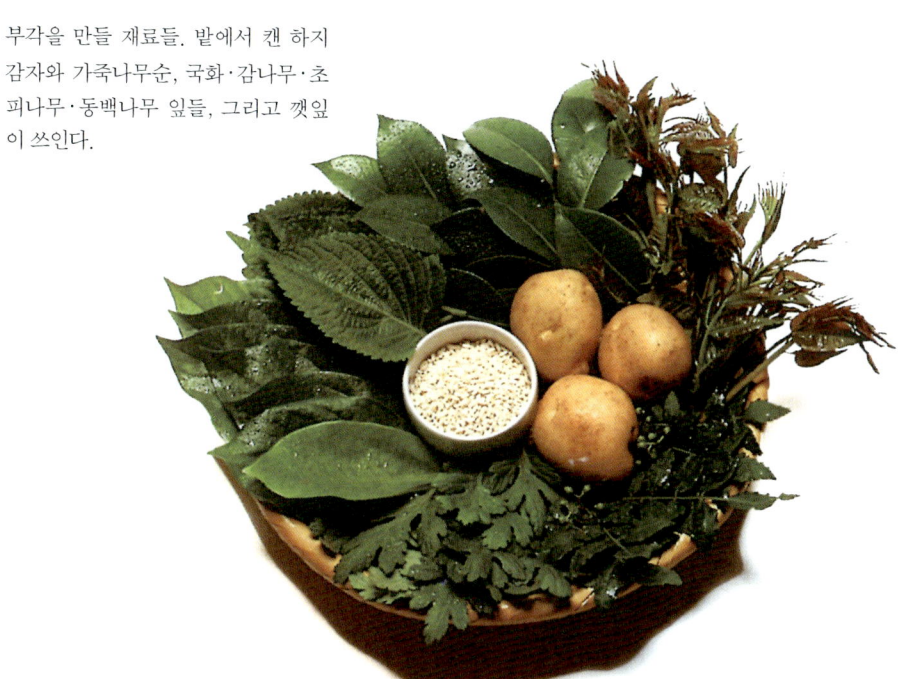

이 여러 가지 재료로 부각은 이렇게 만든다.

먼저 감자 껍질을 벗겨서 아주 얄팍하게 썬다. 이것을 물로 두어 번 헹구어 내고 찬물에 두어 시간 담가 녹말기를 뺀 다음에 끓는 물에 슬쩍 삶아 식힌다. 대체로 잎이 부드럽고 연한 초피잎은 굳이 데치지 않아도 좋으나 동백잎이나 감잎, 가죽순, 깻잎, 산동백잎 들은 끓는 물에 잎의 파아란 빛깔이 살아나라고 소금을 넣고 살짝 데친다. 재료를 넣고 뚜껑을 덮어서 푸르르 한 번 끓어오르면 불을 끄고 재빨리 찬물에 담가 열기를 뺀다. 그래야 그 열기로 해서 너무 익어 버리거나 빛깔이 누르스름해지는 것을 막을 수 있다. 이것을 채반에 널어 물기를 뺀다.

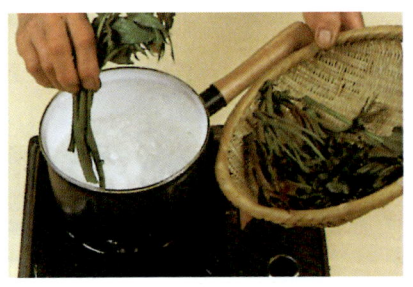

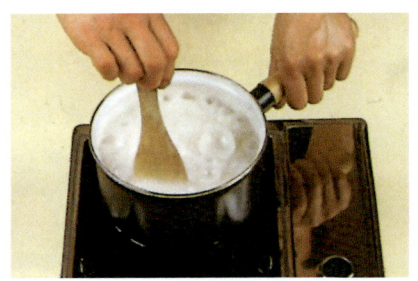

초피잎과 국화잎을 뺀 나머지 잎들을 슬쩍 데쳐 찬물에 담가 열기를 뺀다.

찹쌀가루로 풀을 쑨다. 소금으로 간을 맞추어서 조금 되직하게 쑨다.

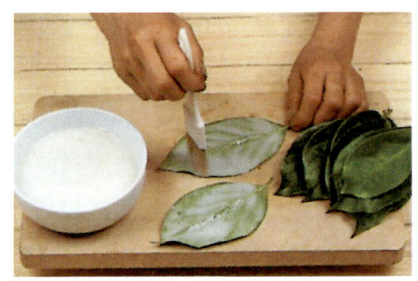

찹쌀 풀을 식혀서 감자를 뺀 나머지 재료에 풀을 바르고 그 위에 통깨와 고춧가루를 보기 좋게 흩뿌린다.

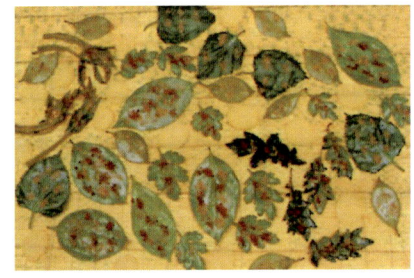

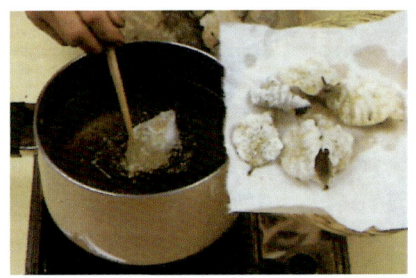

찹쌀 풀을 바른 부각을 넓은 채반이나 대나무 발에 펴서 널어 볕 좋은 날에 바싹 말린다. 몇 차례 뒤집어서 모양이 틀어지는 것을 막아 주어야 한다.

부각을 바싹 말려서 기름에 튀긴다. 이때는 기름 온도를 충분히 올려서 부각을 기름에 담갔다 바로 건질 만큼 재빨리 튀겨낸다. 건져서 소쿠리에 한지를 깔고 기름을 뺀다.

찹쌀 풀은 미리 쑤어 둔다. 찹쌀은 미리 한 두세 시간 동안 물에 불려야 가루를 내기가 쉽다. 방앗간에 가서 가루로 빻아도 좋고 믹서에 물을 섞어 부어 갈아도 좋으나 방앗간에서 빻은 것보다 입자가 곱지 않다. 어떤 이는 일부러 찰밥을 지어 그 밥알을 찹쌀 풀 대신에 쓰기도 하니 가루가 곱지 않더라도 괜찮겠다. 절에서는 마늘을 먹지 않아서 그리 하지 않으나 여염에서는 마늘과 생강을 찹쌀과 같이 갈아 그 맛과 향을 보태어도 좋다. 찹쌀가루를 물에 타서 소금으로 간을 맞추어 미음을 끓이듯이 여린 불에서 쉬지 않고 주걱으로 저어가며 끓인다. 잎에 바를 것이므로 농도는 조금 되직한 것이 좋다. (때로는 찹쌀 풀을 쑤면서 고추장을 섞어 쑤어 부각이 붉은빛을 띠게 하기도 한다.)

찹쌀 풀을 차게 식혀서 미리 데쳐 둔 재료 중에서 감자를 뺀 나머지에 풀 바를 준비를 한다. 도마가 널찍하면 그 위에서 해도 좋으나 그렇지 않으면 바닥에 종이를 펴고 넓은 비닐을 깔아 놓고 나중에 기름에 튀겼을 때 생김새가 보기 좋으라고 풀을 흠뻑 바른다. 잎의 크기가 작거나 두께가 얇은 초피잎이나 깻잎, 국화잎, 가죽순 들은 두세 개 겹쳐서 풀을 바르고 그 위에 통깨나 고춧가루(또는 실고추)들을 흩뿌린다.

이것들을 넓은 채반이나 대나무 발에 펴서 널어 햇볕 좋은 날에 바싹 말린다. 모양이 틀어지는 것을 막으려면 몇 차례 뒤집으면서 말린다. 그럼에도 마른 모양이 오그라들었으면 아침 이슬을 맞혀 책 꽂듯이 차곡차곡 세워 꽂아 두면 모양이 얌전해진다. 습기가 조금도 없이 바싹 말라야 부각이 눅진거리지 않고 바삭바삭하다. 또 상하지도 않는다. 다 말린 것을 비닐봉투에 넣어 공기와 만나지 않도록 꼭 봉해 냉동실에 넣어 두거나 건조한 곳에 보관한다. 고장난 보온밥통도 튀기지 않은 부각을 보관하기에 쓸모가 있다.

부각은 한꺼번에 많이 해 두었다가 필요할 때마다 꺼내어 튀긴다. 그

부각은 여느 오가리처럼 푸른 채소를 얻기가 힘든 철에 먹으려고 만드는 갈무리 음식이다. 산과 들에 나는 독 없는 식물의 잎이면 모두 부각 재료가 된다.

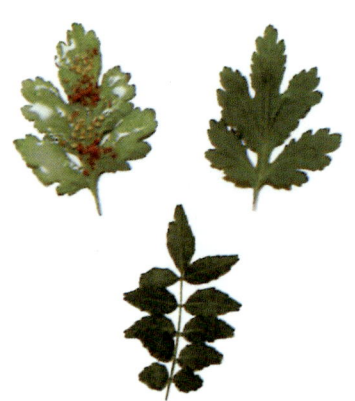

래야 바삭바삭하여 맛이 좋다. 기름을 달구되 소금을 뿌려 곧바로 올라올 때까지 온도를 높여 바싹 마른 부각을 기름에 담갔다 바로 건질 만큼 재빨리 튀긴다. 재료가 이미 다 익은 것인 만큼 기름 속에 더 두어야 겉이 탈 뿐이다. 재빨리 건져서 소쿠리에 한지를 깔고 기름을 뺀다. 그런데 찹쌀 풀을 바르지 않은 감자를 가장 먼저 튀겨내어야 풀 찌꺼기가 기름에 뜨지 않는다.

꽃처럼 하얗게 부풀어 오른 부각은 모양이 예쁘고 또 바삭바삭하여 맛있다. 전은 부친 자리에서 먹어야 가장 맛이 좋듯이 부각 또한 튀긴 뒤에 바로 먹어야 맛있다. 특히 감자 부각(오히려 튀각에 가깝다.)은 요새 패스트푸드 가게에서 파는 조미료 맛 나는 감자칩보다 덜 느끼하고 부드러워서 썩 훌륭한 아이들 간식거리가 된다.

빛깔있는 책들 201-6

여름 음식

초판 1쇄 발행 | 1990년 2월 15일
초판 7쇄 발행 | 2025년 4월 20일

글·사진 | 뿌리깊은 나무

발행인 | 김남석
발행처 | ㈜대원사
주   소 | 135-230 서울시 강남구 개포로 140길 32 원효빌딩 B1
전   화 | (02)757-6711, 6717
팩시밀리 | (02)775-8043
등록번호 | 제3-191호
홈페이지 | http://www.daewonsa.co.kr

값 13,000원

ⓒ 1990 By Deep-rooted tree
Publishing House

ISBN | 978-89-369-0065-6(89-369-0065-X)   00590
       978-89-369-0000-7 (세트)